青少年自然科普丛书

环 境 保 护

方国荣　主编

台海出版社

图书在版编目（CIP）数据

环境保护 / 方国荣主编. —北京：台海出版社，
2013. 7

（大自然科普丛书）

ISBN 978-7-5168-0194-9

Ⅰ. ①环…Ⅲ. ①方…Ⅲ. ①环境保护'—青年读物
②环境保护—少年读物 Ⅳ. ①X-49

中国版本图书馆CIP数据核字（2013）第130514号

环境保护

主　　编：方国荣

责任编辑：姜　航
装帧设计： 视界创意　　　版式设计：钟雪亮
责任校对：向佳鑫　　　　　责任印制：蔡　旭

出版发行：台海出版社
地　　址：北京市朝阳区劲松南路1号，　　邮政编码：　100021
电　　话：010—64041652（发行，邮购）
传　　真：010—84045799（总编室）
网　　址：www.taimeng.org.cn/thcbs/default.htm
E-mail：thcbs@126.com

经　　销：全国各地新华书店
印　　刷：北京一鑫印务有限公司
本书如有破损、缺页、装订错误，请与本社联系调换

开　　本：710×1000　　　1/16
字　　数：173千字　　　　　　印　　张：11
版　　次：2013年7月第1版　　印　　次：2021年6月第3次印刷
书　　号：ISBN 978-7-5168-0194-9

定价：28.00元

目录 MU LU

我们只有一个地球

方国荣

巨人安泰是古希腊神话中一个战无不胜的英雄，他是人类征服自然的力量象征。

然而，作为海神波塞冬和地神盖娅的儿子，安泰战无不胜的秘诀在于：只要他不离开大地——母亲，他就能汲取无尽的能量而所向无敌。

安泰的秘密被另一位英雄赫拉克勒斯察觉了。赫拉克勒斯将他举离地面时，安泰失去了母亲的庇护，立刻变得软弱无力，最终走向失败和灭亡。

安泰是人类的象征，地球是母亲的象征。人类离不开地球，就如鱼儿离不开水一样。

人类所生存的地球，是由土地、空气、水、动植物和微生物组成的自然世界。这个世界比人类出现要早几十亿年，人类后来成为其中的一个组成部分；并通过文明进程征服了自然世界，成为自然的主人。

近代工业化创造了人类的高度物质文明。然而，安泰的悲剧又出现了：工业污染，动物濒灭，森林砍伐，水土流失，人口倍增，资源贫竭，粮食危机……地球母亲不堪重负，人类的生存环境遭到人类自身严重的破坏。

人类曾努力依靠文明来摆脱对地球母亲的依赖。人造卫星、航天飞机上天，使向月亮和其他星球"移民"成为可能；对宇宙的探索和征服使人类能够寻找除地球以外的生存空间，几千年的神话开始走向现实。

然而，对于广袤无际的宇宙和大自然来说，智慧的人类家族仍然是幼稚的——人类五千年的文明成果对宇宙时空来说只是沧海一粟。任何成功的旅程都始于足下——人类仍然无法脱离大地母亲的庇护。

　　美国科学家通过"生物圈二号"的实验企图建立起一个模拟地球生态的人工生物圈，使脱离地球后的人类能到宇宙中去生存。然而，美好理想失败了，就目前的人类科技而言，地球生物圈无法人工再造。

　　英雄失败后最大的收获是"反思"。舍近求远不是唯一的出路，我们何不珍惜我们现在的生存空间，爱我地球、爱我母亲、爱我大自然，使她变得更美丽呢？

　　这使人类更清晰地认识到：人类虽然主宰着地球，同时更依赖着地球与地球万物的共存；如果人类破坏了大自然的生态平衡，将会受到大自然的惩罚。

　　青少年是明天的主人、世界的主人，21世纪是科学、文明、人与自然取得和谐平衡的世纪。保护自然、保护环境、保护人类家园是每个青少年义不容辞的职责。

　　"青少年自然科普丛书"是一套引人入胜的自然百科和环境保护读物，融知识性和趣味性于一炉。你将随着这套丛书遨游太空和地球，遨游海洋和山川，遨游动物天地和植物世界；大至无际的天体，小至微观的细菌——使你从中学到丰富的自然常识、生态环境知识；使你了解人与自然的关系，建立起环境保护的意识，从而激发起你对大自然、对人类本身的进一步关心。

◎ 救救地球 ◎

　　天降"酸雨"；猫在"发疯"；人为的地震；森林遭破坏；尘暴与沙漠化；土地在呻吟；大气出现"臭氧洞"；海洋涌起"赤潮"……

　　21世纪的第一个十年已经过去了，难道我们还要以这样的"礼物"去迎接下一个十年、二十年吗？

一个悲观的警世预言

1962年，美国女海洋生物学家蕾切尔·卡逊(1907-1964年)，发表了一本讨论环境科学的小册子《寂静的春天》，对全世界敲响了环境问题的警钟。

卡逊早年主要从事海洋生物学的研究，并写过一些关于海洋生物的著作。1957年，她把注意力转到了危害日益严重的杀虫剂使用问题上来，她花费了五六年的时间遍阅美国官方和民间关于杀虫剂使用的危害情况的报告，在详细调查研究的基础上，于1962年写成了令人瞩目的《寂静的春天》一书。

在这本书中，她一开始描绘了一个美丽的山村：

"春天，繁花像白色的云朵点缀在绿色的原野上；秋天，透过松林的屏风，橡树、枫树和白桦闪射出火焰般的彩色光辉，狐狸在小山上叫着，小鹿静悄悄地穿过了笼罩着秋天晨雾的原野……直到许多年前的有一天，第一批居民来到这儿建房舍、挖井筑仓，情况才发生了变化。

"从那时起，一个奇怪的阴影遮盖了这个地区，一切都开始变化。一些不祥的预兆降临到村落里：神秘莫测的疾病袭击了成群的小鸡；牛羊病倒和死亡。到处都是死神的幽灵。农夫们述说着他们的家庭的多病。城里的医生也愈来愈为他们的病人中出现了新病感到困惑莫解。不仅在成人中，而且在孩子中出现了一些突然的、不可解释的死亡现象，这些孩子在玩耍时突然倒下了，并在几小时内死去。

"一种奇怪的寂静笼罩了这个地方……园后鸟儿寻食的地方冷落了。在一些地方仅能见到的几只鸟儿也气息奄奄，它们战栗得很厉害，飞不起来。这是一个没有声息的春天。这儿的清晨曾经荡漾着乌鸦、鸽子、鲣鸟、鹪鹩的合唱以及其他鸟鸣的音浪；而现在一切声音都没有了，只有一片寂静覆盖着田野、树林和沼地。

"农场里的母鸡在孵窝，却没有小鸡破壳而出。农夫们抱怨着他们无法再养猪了——新生的猪仔很小，小猪病后也只能活几天。苹果树花开了，但在花丛中没有蜜蜂嗡嗡飞来，所以苹果花没有得到授粉，无法结果。

"曾经一度是多么迷人的小路旁，现在排列着仿佛火灾浩劫后的、焦黄的、枯萎的植物。被生命抛弃了的这些地方也是寂静一片。甚至小溪也失去了生命；钓鱼的人不再来访问它，因为所有的鱼已死亡。

"不是魔法，也不是敌人的活动使这个受损害的世界的生命无法复生，而是人们自己使自己受害。"

卡逊接着指出上面叙述的这个山村是虚设的，虽然不是一个真实的例子，但却是许许多多山村即将面临的客观现实的写照。她在书中详细地分析了人类活动，特别是广泛使用杀虫剂对自然环境——地面水、地下水、土壤、森林、大气等所造成的严重的影响。力图使人们相信，对于许多地区来说，如果不及时采取必要的措施，那么像上述山村所发生的变化很快就会到来。

卡逊的这本书在世界各地得到了广泛的传播，它大大地唤起了世人对环境保护问题的重视，并使人们从更全面的角度来对待人类活动所能带来的全球性影响。

与此同时，世界性公害问题日益严重，也促使公众对环境破坏予以高度注意。于是，20世纪60年代末，便在原来零星的、不系统的研究基础上，发展形成了一门新的综合性学科——环境科学。环境科学是研究在人类认识和改造自然中，人和环境相互关系的科学；也就是要研究，由于人类的活动所带来的自然环境变异、环境变化所带来的自然环境变异，以及环境对人类的影响，并讨论控制和改善环境的理论和方法。

通过这些研究，使我们认识到，人类活动所引起的自然环境变异是多方面的，有的已到了相当严重的程度。

物质文明带来的种种忧患

看那一条条林荫大道，乔木行行、灌木丛生、绿草成坪，怡神悦目的奇花异草，掩映着高楼大厦、学校、商店和工厂。人工湖泊中鱼儿遨游，鸟儿戏水。特别是公园、花园、植物园中，各种植物绚丽多彩、生机盎然，蝴蝶在万花丛中飞舞，漫步在其中令人迷恋陶醉。这就是人类创造的人造环境——城市环境。

再看那一望无际的整齐农田，庄稼摇曳着沉甸甸的穗头，四周清澈的渠水潺潺流过，渠边、路旁，一排排行道树高大遮阴。饲养场、农舍，座落在湖水旁、江河边、山坡上，在太阳的照耀下，犹如天上的星星撒落在大地。山坡上成群的牛羊低头吃草，不时传来哞哞的声音，使这里更显得恬静可爱。这里是什么地方？这是人工环境和自然环境相结合的产物——乡村环境。

听！万里无云晴空中传来阵阵轰鸣声，抬头一望，一支银白色的"小燕"由小到大，然后由大到小，慢慢消失在无边的苍穹，在飞过的地方，留下一条白雾状的飘带，在风中慢慢扩散消失。这就是喷气式飞机。

听！一望无边的大海传来嘟嘟的汽笛声，随声望去，那是一条"大鱼"正在水中游吗？不，它比鱼要大得多，而且呈楼房结构，这是我们的远洋巨轮，它可以运载货物和旅客。

看看晚间的天空，每当夜幕降下，灰蒙蒙的幕景上布满无数颗星星。你认真观察星的移动情况，有可能发现有些星星在空中快速移动。这些星星怎么移动得这么快？那是人类制造的地球卫星。地球卫星每几小时绕地球一周。它不断为我们收集各种气象、太空信息，供我们分析研究，为人类谋福利。

在这里我们不可能将人类的发明创造和改造自然的成果，一一加以描述。人类依靠自己的创造力，似乎可以随心所欲地改变地球环境和创造自己所需的东西，天空中飞的，地球上跑的，海洋上航行的。当人类在为自己的创造能力沾沾自喜时，各种各样的生态环境危机已经到来。

正如恩格斯所说，我们不要过分陶醉于我们对自然界的胜利，对于每一次这样的胜利，自然界都报复了我们。每一次胜利，在第一步都确实取得了我们预期的结果，但是在第二步和第三步都有了完全不同，出乎预料的结果，常常把第一个结果又取消了。

德国智库慕尼黑经济研究所发表公报说，1990年至2005年间，全世界森林面积每天减少两万公顷，如果森林从地球上消失，人类将面临什么？2011年12月，《联合国防治荒漠化公约》秘书处执行秘书吕克·尼亚卡贾称，全球每年有1200万公顷耕地因土地沙化而无法耕种，照此速度下去，不久的将来还有耕地吗？20世纪80年代地球上平均每天至少有一种生物灭绝，从1990年开始，生物物种以每小时一种的速度消失，物种灭绝速度加快，生物灭绝会给人类带来什么？1987年全世界人口已达到50亿，按照目前世界人口每41年翻一番计算，到2028年世界总人口将达100亿，到2068年将达200亿、2100年世界人口将达到352亿。700年之后，人均占有面积只有0.3平方米，人类将站满全球。难怪美国有一位科学家预测5000年后人类将从地球上消失。

由于人口增加，城市膨胀，水资源短缺，全世界淡水河流50%左右被污染，鱼类和水生物大量死亡。发展中国家80%的疾病是饮水造成的，现在全世界有17亿人用不上净水。

海洋每年接受来自人类排出的各种污染物达到数百亿吨，造成鱼类大批大批的死亡。加上大量捕捞，我们的水产面临枯竭。

人类对环境的严重污染有增无减，1980-1985年美国工厂年平均事故6928起，中国1987年3600起。全世界平均每年发生严重污染事故200多起，印度博帕尔农药厂爆炸，造成了2.5万人直接致死，55万人间接致死，20多万人永久残废的人间惨剧。瑞士农药厂失火，化学品污染整个莱茵河，死鱼数百万条。前苏联切尔诺贝利核电站灾难，事故后前3个月内有31人死亡，之后15年有6-8万人死亡，疏散13万人，30千米以内十几年不能住人，300千米处3年以后仍能观察到事故造成的严重影响。

危险"废弃物"迅猛增加。已知化学品废弃物有700万种，每年新增废弃物千余种，光化肥、农药，每年就有数百万吨投入环境中，造成土质恶化，生物大量死亡。如果说你的身体里含有"六六六"、"滴滴涕"，你会感到吃惊吗？

当臭氧层被破坏，造成皮肤癌增多，传染病传播（包括艾滋病）增加，海洋食物链破坏，文物古迹寿命减少，你有什么感想？

当海洋变成垃圾桶，大地震频频来临，你能不担心吗？当全球气候变异，造成成千上万的人饥饿而死，背井离乡，你能不为人类命运担忧吗？

尘暴与沙漠化是人为而致

1934年5月，美国东部的广阔地区突然遭受了一场罕见的狂风的袭击。呼啸的狂风从南部平原刮起，地面上裸露无蔽的尘土被带到了空中，形成一条东西长2400千米，南北宽1500千米，高3.2千米的浓密黄色尘云。居住在那里的人们觉得好像一下子跌进了云雾之中，分不清东南西北，又细又密的尘土随着狂风，灌进了一切缝隙，包括人们的耳朵和嘴巴，甚至逃进屋内的人也不能幸免。

这场狂风连续刮了三天，使美国境内2/3的田地都受到影响。这阵风暴之后，人们发现，许多良田表面那层肥沃的土壤被整个地掀走了。据统计，这场风暴卷走了3亿多吨土壤，除了少量尘土堆积于沟谷、洼地之外，大部分卷入了大西洋。无数的农作物因此枯萎而死；许多房屋塞满了尘土，水井和溪流因被尘土淤塞而干涸；牲畜因无水源而渴死。这次风暴令上万人逃离了家园，美国南部出现大量空域。全国的冬小麦产量因此减产102亿斤。

这次可怕的尘暴是怎样产生的呢？人们经过调查分析，认为从18世纪以来，大量的移民来到平原，他们毁坏了大片森林和草原，致使土地失去了植被的保护，气候也受到很大影响，狂风无情地剥蚀着土地，最终导致了这场可怕的尘暴。

虽然这场灾害引起了美国政府的重视，他们通过了一系列法案，采取了措施保护和发展森林、草原和加强水土保持工作。但是，美国由于风和水的侵蚀，仍然平均每年失去360万吨表土。假设把这360万吨泥土堆在一个长110米，宽75米的足球场上，那么我们就可看见一个高约200米的大土柱。

北美洲土地被开垦之前，美国土壤的平均厚度约23厘米，而现在仅有15厘米。这就是说，这一二百年来，全国已有8厘米的土层流失。如果长此下去，人们认为这里就有可能沦为沙漠。事实上，位于美国和墨西哥交界的索诺兰沙漠就是由昔日的草原、耕田演变而成的。

值得注意的是水土流失的现象，绝不是仅仅出现在美国。早在一百多年前，恩格斯就曾经写道："美索不达米亚、希腊、小亚细亚以及其他各地的居民，为了想得到耕地，把森林都砍完了，但是他们做梦也想不到，这些地方今天竟因此成为荒芜不毛之地，因为他们使这些地方失去了森林，也失去了水分的积聚中心和贮存库。"

一个更近的例子，发生在苏丹首都喀土穆。20世纪50年代中期，那里还有一片金合欢属树林为主的热带稀树草原。仅20年后，由于树林被砍光，草原向南后退了150千米，于是沙漠乘隙而入，致使这个昔年的"阿拉伯谷仓"正在变为不毛的荒地。

沙漠化的威胁在我国也同样存在。由于人为的破坏，无视自然发展的规律，片面强调造田，盲目开垦，毁坏了大片林木，致使许多地区水土大量流失，生态环境遭到严重破坏，一些干旱地区的沙漠化明显加剧。在近几十年内，土地沙漠化的面积增了27000平方千米。有的人甚至认为，首都北京受到了沙漠化的威胁。

埃及的一位生态学家指出，世界上有占陆地面积6%-7%的沙漠是人为的结果。也就是说自古以来，由于人类盲目开垦，使1000多万平方公里的面积沦为沙漠。这种沙漠化的趋势还在非、亚、美、澳、欧五大洲中继续着。仅非洲撒哈拉沙漠北侧，由于人为的因素，每年都有几十万公顷土地变为沙漠，连著名的尼罗河流域也受到了影响；在撒哈拉沙漠之南，沙漠正以每年30-50公里的速度向外扩展。在亚洲，仅印度拉贾斯坦地区，每年就有1.3万公顷的土地被塔尔沙漠吞噬。如果人类不采取措施，那么沙漠化的趋势必将继续加剧。

无限勒索森林的惨痛报应

　　在人类诞生之前，森林早已存在，我们的祖先猿人就出生在森林中，并在森林的怀抱里成长。祖先猿人长大之后，逃出森林住进了山洞，并继续捕食森林中的动物、采集树上的野果为生。从这时起人开始向现代人进化，学会了用火，于是，森林向人类提供烘烤食物和冬天取暖的薪材。人类搬出山洞后用林木盖房，种地时用林木做工具，使大片大片的森林和草地由此消失，在大自然的绿色土地上，分化出了耕地和沙丘。以后人类学会书写，发明了用木材制成纸张的方法。人类学会捕鱼和航海，又需要林木制船。人类发明了汽车、火车、飞机……森林又向人类提供板材。人类无限的索取最终遭到了自然界的报复。

　　世界著名的北非撒哈拉大沙漠，在古埃及人实行刀耕火种之前，这里是森林茂密、绿草如茵的地方。以后它被开发成耕地，并成为古埃及人的粮仓。由于森林植物被破坏，出现了长期的干旱天气，摧毁了古埃及人的农业，耕地变成了沙漠。闻名世界的金字塔，历经沧桑，被留在沙漠的边沿，仿佛在凭吊着古埃及繁荣昌盛的历史。与此类似，印度半岛的塔尔沙漠也是由于植被和森林被破坏，由粮仓变成了沙漠。

　　我国陕西、甘肃、山西一带，到处是荒山秃岭和移动的沙丘，十年九旱，人民生活十分艰辛，但在古代并不是这样。据考证，在先秦时期，这一带是山清水秀的鱼米之乡，黄河上游森林覆盖率达50%，我国的国宝大熊猫也曾在这一带活动。只是由于人们盲目毁林开荒，加上战争和林火，森林消失，植被破坏，导致水土流失，土地贫瘠，气候巨变。据历史记载：甘肃从1644年至1906年的260多年间，共发生过114次大旱灾。在历史上，黄河发生大改道26次，发生水灾1500余次，每年带走泥沙16亿吨，造成下游河床平均每年升高1至2厘米，使黄河成为引人注目的"天河"。

　　如今长城以北已由"风吹草低见牛羊"的牧场变成了沙漠。在风沙的推动下，沙漠不断南侵，已经推进到老革命根据地延安城下。新疆塔克拉玛干的绿洲已被沙漠侵占。浩瀚的沙漠，正以征服者的姿态，不停地向人类的绿洲进攻！

古人的愚昧无知，对自然生态平衡的重要性认识不足，使一度占陆地的2/3的$76×10^5$亿平方米的森林，经过上万年的破坏，到了19世纪减少到$55×10^5$亿平方米。如果说，祖先的愚昧可以原谅，那么在科学迅速发展，人类已经开展了人工造林运动的情况下，世界森林面积仍由1980年的$43.2×10^5$亿平方米，锐减到1985年的$41.17×10^5$亿平方米，就是不可饶恕的罪过。人类如果再不及时采措措施，照此速度减少下去，不到一百年，全世界的森林将全部消失。

世界最大的亚热带原始森林，位于拉丁美洲的亚马孙河流域，那里的木材蕴藏量占世界总蕴藏量的45%，树的种类也居世界第一，每1万平方米内树木达200多种，而一般森林，每1万平方米内树木不超过25种。这里至今还栖息着许多没有被人类记载的生物。而在人类还来不及认识它们的时候，它们就随着现代化伐木的轰鸣声，被判死刑。

同时，这片原始森林，每年以110亿平方米的速度消失，这个速度相当于每小时砍伐100万株树木，或者说，人呼吸一次，就有120多棵树倒在人类的"屠刀"下。亚马孙地区森林覆盖率已由原来的80%，减少到现在的45%。森林的减少使该地区的雨季缩短，旱季增长，暴雨成灾，山洪泛滥，农业大幅度减产。科学家们预测，照这样速度砍伐下去，再过几十年，这里就有可能成为世界最大的沙漠地带之一。

我国的情况又怎样呢？

辽宁省西北部的章古台地区，在百年前还是草木峥嵘的绿地，由于战争的破坏和过度的砍伐，破坏了植被，章古台地区一度成了一片风沙肆虐的瀚海。

贵州大方县海青地区原有一个古木参天，山势陡峻的古老森林区，从林区流出的山泉水，使山下43.2万平方米水田和41.58万平方米旱地久雨不涝，久晴不旱，在山泉灌溉下连年丰收。后来森林被破坏，山泉水"挥泪"告别，山下如果久晴不雨，连插秧也无法进行。

我国的神农架原始森林，占地$32×10^5$万平方米，因传说神农氏在此遍尝百草而得名。这里的野生动物有570多种，植物2000多种，草药1300多种，20世纪70年代开始为国家生产木材，每年达300万立方米，修筑公路1200多千米，公路通到哪里，参天大树就倒在哪里。8.1万平方米森林已被夷为平地，照此下去我国的神农架还能存在多久？与神农架命运相同的地区还有大兴安岭、西双版纳等原始森林。如此滥砍滥伐，使我国的自然保护区由58处减少到36处。20世纪50年代至70年代，四川森林减少30%，云南减少45%。长江以水质清澈闻名于世，但在20世纪八九十年代，其带沙量已达7亿吨，难道我们忍心让它变成第二条黄河吗？

"人为地震"

　　奥罗威尔位于美国加利福利亚州，是历史上地震活动性很低的地区。自1854年以来的近百年中，在方圆40公里的范围内，从来没有记录到地震的发生。但是，1968年9月以后，这里却不断受到地震的骚扰。1975年8月1日，一场震级为5.7级的地震震动了整个地区，使距震中7千米的奥罗威尔及其附近城镇遭受到明显的破坏。地震还形成了一条长达3.8千米的裂缝，裂缝两侧的地面由于错动，出现30毫米左右的高差和10-45毫米平移。据调查，这次地震的影响面积达到12万平方千米。

　　为什么这个长期没有地震的地方会突然遭到地震的袭击呢？经过研究，人们发现这和水库的建设有关。20世纪60年代初，这里建造了一个奥罗威尔水库，水库坝高235米，库容量为44亿立方米。1967年建成，11月14日开始蓄水，地震就是在水库蓄水还不到一年开始的。1968年9-12月，当水位距坝顶还有34米时，地震活动性便明显加强，在这三个月中共记录3次地震，但大多是震级小于0.5级的小震，因此当时并没有引起人们的重视。1969年7月蓄水量达到最大库容量以后，地震活动也随着有明显的增强，最后导致了1975年8月的总爆发。

　　其实，由于水库建造而引起地震的事例，并不只是奥罗威尔一处。早在1937年，美国的胡佛大坝建成以后，人们也曾注意到，由于水库蓄水而使一向没有什么地震活动的库区，接连发生了近百次地震，最后也导致了一场5.0级地震的发生。再如我国的新丰江水库，在蓄水三年以后也诱发了一场6.1级的地震。据有关方面的统计，已知由建造水库引起地震活动的例子约有20多个，其中在印度柯依腊水库蓄水五年之后发生的一次地震，震级达到6.5级。

　　人们注意到，除了水库建造能够诱发地震以外，深井注水也会引起地震。1962年美国科罗拉多州丹佛附近的落基山兵工厂，在处理有毒废液时，采用了深井注入法。当时人们认为采用这种方法可以使这种废液永远埋在地下深处，不致危害人们的健康。但是没有想到在注水过程中却引起了一系列地震，其中有一次震级达5.0级。这些地震的发生，使美军的注水计划不得不中止执行。日本的有关科学工作者也进行过这方面的实验，他们在日本的松代钻井注水，以观察地震的发生。注水钻井的孔深为1934米，1970年1月15日开始进行注水试验。九天后，在距井2-4千米的地方发生了一系列微震，以后随着井中水压的增加，地震频繁发生，而且震源的深度逐渐向深处迁移，震区的面积也不断扩大，所有这些都表现出随着注入的水向深处、远处渗透，地震的震级和烈度也不断扩大的特征。

此外，矿山的开掘有时也会诱发地震。如南非（阿扎尼亚）的维瓦特斯兰地震就与矿山开采有关，那里采矿的深度已达到3千米以下。

无论是水库诱发的地震，还是深井注水、矿山开掘引起的地震都是20世纪以来，随着人类工程活动的扩大而出现的一种新的地质现象。尽管目前它们的分布范围、震害的程度和规模都远不如天然地震，但可以预见到，当人类继续扩大他们的工程活动以后，这种人为地震的出现频率，影响范围和震害程度也都相应提高，因此也是一个值得重视和研究的问题。

土壤在呻吟

　　土壤是植物生长发育的温床，它提供植物生长所需的水分、养分、空气等必要条件。土壤受到污染，不仅直接影响农作物的生长和农产品的质量，还会通过粮食、蔬菜、水果等影响人们的健康。

　　1982年，我国统计了受污染的土地面积已达113.4亿平方米，其中受镉污染的土地约1.08亿平方米，每年生产含镉大米500万千克。受汞污染的土地面积约2.59亿平方米，每年生产含汞稻谷达48万千克，受农药污染的土地约1026亿至1296亿平方米，受氟污染的土地约5.4亿平方米。全国受污染的土地面积占耕地总面积的五分之一，由此造成的粮食损失就有1165万吨。这些污染有的是由人们向土壤倾倒弃物造成的，有的是不合理的使用化肥与农药造成的。

　　全世界淡水资源短缺，不能全部用来灌田。污水中含有利于农作物生长的养分，利用土壤微生物和农作物的净化能力又能净化污水中的污染物，于是世界各国普遍采用污水灌田。采用污水灌溉，虽可缓解水资源紧缺的局面，减少对江河湖泊的污染，但如使用不当，就会造成对土壤的重大污染。因此，在使用污水灌田前，应对污水成分、灌水数量等作出科学分析，以免造成土壤污染。

　　据报道，日本的所有土地污染中80%是由污水灌溉不当造成的。我国的土地污染中，相当一部分也是由污水灌田不当造成的，特别是重金属造成的土地污染与污水灌田密切相关。

　　1974年，北京南郊，由于使用含过量三氯乙醛的污水灌溉小麦，使38.7万平方米小麦受害。1980年，山东文登县也发生类似污染事件，造成2025万平方米农作物受害。经调查，造成这起事件的污染物是三氯乙酸。三氯乙酸是如何来的呢？它是污水中三氯乙醛在土壤微生物作用下转化而来的。

"庄稼一枝花，全靠肥当家"。据联合国粮农组织报道，近年来，世界粮食产量翻一番，其中约有50%的增产粮食是施用化肥取得的。化肥的功绩，使人们往往看不到长期使用化肥，会使土壤受到污染，变得越来越贫瘠的严重后果。

化肥造成土地污染，主要是我们使用不当造成的。要知道，土壤的正常结构是由岩石、无机物和微细团粒和有机质组成的，其中对作物生长起重要作用的是有机质、土壤微生物、土壤中的水分和空气。如果土壤中有机质失去，土壤团粒结构会受到破坏，发生板结，使土壤的透气性和保水性减弱。过去人们都用人畜粪作土壤肥源，土地除得到正常的氮、磷、钾等必要元素外，还得到了有机质，使土壤能被继续利用。可如今农民都不愿用人畜肥，都愿用化肥，由于化肥长期使用，使有机质更进一步减少。如今施用化肥再也不如过去那么有效了。有些污染严重的地方，虽增加化肥施用量，粮食产量却逐年下降。

在我国，人们不愿用人畜粪肥，造成了土壤对化肥很强的依赖性，由于我国化肥工业发展缓慢，化肥供应空前紧缺，在农村哄抢化肥事件时有发生。与此同时，土壤需要的人畜肥却排入江河湖泊中，污染了水体。

1980年至1985年，我国对土地实行普查，发现土壤中有机质含量由新中国成立初期的13%至15%下降到目前的4%至6%。这难道还不足以使我们惊醒吗？

由于人口增加，耕地相应减少，人们开始大面积种植单一植物，庄稼的病虫害增多，人们辛勤种植的农作物被大量侵吞和毁坏。世界各地都不断发生螟蝗灾害。每当气候适宜，蝗虫大量繁殖，上亿的蝗虫大军铺天盖地，所到之处，禾苗所剩无几。今天病虫害已成为人类解决粮食问题中的一大障碍。

1939年，瑞士的保罗·穆勒发现了滴滴涕具有杀虫功能。很快滴滴涕灭虫成为各国农民战胜田禾病虫害的主要手段。滴滴涕发现者由此而获得了诺贝尔奖。

后来除滴滴涕外，又开发了许多种农药，这些农药确实给农民战胜病虫害提供了有效帮助，世界粮食损失减少了15%。1977年，世界粮食17.97亿吨中，有2.67亿吨是化学农药的贡献，这些增产的粮食可供10亿多人食用一年。我国历史上有名的南螟北蝗虫害，也因施用化学农药而得到了有效控制。此外，化学农药还能杀灭蚊蝇和寄生虫，减少了人类的发病率和死亡率，人们脸上挂起了胜利的微笑。

可没过多久，人们的心情变得沉重了。根据世界粮食组织的调查统计，1965年，农作物害虫对农药产生抗药性的有182种，1968年发展到228种，1977年进一步上升到364种。目前，有600多种农业害虫已经产生了对农药的抗药性，蚊虫、家蝇、黑蝇、跳蚤、臭虫等携带传染病的昆虫也纷纷产生了抗药性。与此同时，人们不停的开发新的化学农药，在短短的几十年里，化学农药品种已达千种以上。然而，开发新品种越多，病虫害产生的抗药性也越强，形成恶性循环。而且，农药的作用又造成了新的环境污染。

农药喷洒在庄稼上，随雨水进入土壤的农药杀死了土壤的忠实卫士蚯蚓，土壤得不到蚯蚓的疏松，团粒结构破坏发生板结。同时，由于滴滴涕、六六六等有机烃类农药稳定性极高，长期存在于土壤中，被农作物吸收，从这些农作物中得到的粮食，又被人们摄入体内。滴滴涕、六六六等是脂溶性物质，它们大量地贮存在富于脂肪质的器官内，如肾上腺、睾丸、甲状腺和肝脏等。如今在人奶里也检查到滴滴涕、六六六的成分。这些农药在体内慢慢侵蚀人们的器官，引起变异，危害人类及其下一代。

另有一部分农药进入到江河、湖泊和海洋中，杀死水生生物和水鸟。1960年5月22日至6月2日，在美国加利福尼亚东北部的团利湖和下克拉马斯保护区，发生鱼食性鸟类中毒事件，10天之内有307只水鸟死亡，经检验，小鹈鹕的脂肪体中含有高浓度滴滴涕。原来湖水中低浓度滴滴涕在食物链中发生了富集作用，大大地提高了滴滴涕的含量。

陆生鸟类也逃不过农药的追杀，鸟类由于吞吃了含农药的昆虫或蚯蚓，或者死亡，或者鸟卵过薄而不能孵化繁殖。陆生鸟类中有90%是农作物害虫的克星，克星减少，造成害虫的大量繁殖。

1958年，我国的西北绿洲敦煌县，用飞机大量喷洒农药，杀灭了许多害虫，而成为无虫害县，可不到一年的时间，由于介壳虫的天敌也被农药杀灭，于是介壳虫大量繁殖，结果对树造成了极其严重的危害。

无数事实证明，化学农药不能随便乱用，应小心谨慎地分析它的利弊，科学地加以使用。

城市风景——垃圾山

现代文明的发展，引起大量的农村人口流向城市，由于大城市能给人们带来更多的方便，结果是城市越来越大，人口越来越多，城市的生活垃圾和工业废物也越来越多。这些垃圾和废物来不及处理或根本就没打算处理，任其堆放在城区和郊区，一座座人工垃圾"假山"随岁月的推移拔地而起。

在生活垃圾堆里，往往有大量烂菜叶、食品、水果皮、废纸张、废电器、废交通工具，以及塑料包装材料等，站在远处，你就会嗅到一股腐烂味，走到近处一看，黑压压的，却是苍蝇。你要对准"假山"扔一小石块，你立即会听到"轰"的一声，紧接着垃圾上空盘旋起数不清的苍蝇、蚊虫，人要是生活在垃圾成堆的城市里，不生病才怪呢！下面，我们来看看垃圾造成的其他危害吧！

德国某冶金厂附近，垃圾堆下的土壤被废渣污染，使附近生长的植物体内含铅量比正常值高80至260倍，含锌量高26至80倍，含铜量高30至50倍。

英国威尔士北部的大片草原，在一次暴雨中被冲来的垃圾（金属矿废渣）所覆盖，使草原失去了绿色，牧民再也不能放牧了。

美国12000个垃圾场和垃圾堆附近，有一半水体被污染，波托马河被称作"垃圾淹没的河流"。

德国莱茵河地区，因垃圾中有害物质渗透在地下水中，迫使一家自来水厂关闭，迫使另一家自来水厂减产20%。

英国威尔士南部斯旺西的居民，因长期饮用被冶金废渣污染的水，居民的胃癌患病率比全国平均值高40%。

大型的垃圾堆，还会引起各种事故。英国威尔士阿伯芬废渣堆高达244米，曾发生滑移，致使800多人伤亡。美国20世纪60年代中期有500多处废渣堆引发火灾，造成了巨大损失。

我国台湾省也多次发生垃圾火灾，如1981年台北垃圾着火，浓浓的毒烟积聚在台北盆地上空久久不散，300万居民苦不堪言。1991年，高雄县发生一次废塑料垃圾火灾，先后赶来的16辆消防车，控制不住火势，只好调来十几辆挖土机，掘出一条防止大火蔓延的隔离带，才使大火得到控制。附近的受灾乡民气愤难忍，大闹了"环保署"。

1985年7月29日，有关报刊报道了北京朝阳区的一个垃圾消纳场，误将有毒垃圾倒入农民的鱼塘，结果塘中的20万尾各种鱼一个个肚皮朝上，多年的老鳖看着死去的"伙伴"，悲愤地漂出水面，喘着粗气。可恨的是个别鱼贩子不顾人们安危，只顾挣钱，使5万千克死鱼流入北京的大街小巷。

20世纪80年代时，世界垃圾产量有增无减，如何解决这些垃圾已成为社会一大难题。美国每年生产1.8亿吨生活垃圾，22亿吨工业废渣。日本每年有城市垃圾3000多万吨，工业废渣3.3亿吨。中国城市垃圾一年可达1.64亿吨，工业废渣累计67.5亿吨，占地面积3186万平方米。

这些垃圾长期堆放在环境中是多么的可怕啊！日本东京市市长在市长会议上宣称："不是让垃圾把我们淹没，就是我们把垃圾消灭掉，这是一场严重的垃圾战争，必须采取紧急对策，晚一天都会带来不可挽回的后果。"

"发疯的猫"——水污染

没有水，地球上就不会有任何形式的生命。

地球上所有活着的生物，大部分都由水组成。水也是构成人体的主要成分，如果你的体重是60千克，那么其中水的重量就差不多占了40千克。水能调节人的体温，输送营养物质，排泄无用废物，从而维持着人体的各项生理机能。一个人每天至少得补充2.5～4升水。人体失水要是超过10%，就会有生命危险。

饮水之外，还要用水。人的生活离不开水，几乎从早到晚都要同水打交道，洗脸刷牙，淘米做饭，洗衣服，擦地板……生活水平越高，用水量越大。城市居民每人每天的生活用水量至少要20升，多的可达五六百升。

人类的工业生产活动离不开水，农业生产更是离不开水。水利是农业的命脉，农田灌溉是农业增产的基本措施。

人类文明的发展跟水有着极其密切的关系。原始人沿着河边、湖畔、林际采集果实，打猎捕鱼，在大河附近建立原始农业，兴建早期城市。举世闻名的四大文明古国，没有一个不是起源在水源丰富的大河流域。

但是，人类在尽情享受水的一切恩惠的同时，却没有认真想到应该怎样好好保护它。过度的开发，盲目的引水，加上乱砍滥伐森林，破坏了生态系统和水循环。更严重的是，随着工农业生产的发展，大量的污水被排放到江河湖海，有毒有害物质污染了水体，既使水中生物遭殃，也祸及陆上的生物和人类。

请看下面这些触目惊心的数字：

全世界每年排放7000亿立方米污水，其中大部分未经净化处理就排入水体，使许多江河湖泊受到污染，生态平衡严重失调，水中生物大量死绝；全球12亿人缺乏安全的饮用水，其中发展中国家的情况尤为严重，往往1/5的城市居民和3/4的农村居民得不到比较安全的饮用水；大部分的常见病，特别是消化道传染病，主要由水污染所引起，仅腹泻病例每年就有10亿；全世界每天至少有15000人死于饮用不清洁的水引起的疾病，其中大部分是儿童。

震惊世界的"猫发疯事件"就是这样发生的：

1950年，在日本九州的一个小镇——水俣镇，人们看到一些发了疯的猫，它们步态不稳，惊恐不定，抽筋麻痹，惊叫着跳进海里溺死。

过不多久，猫的这种"怪病"似乎也传染给了人。患这种病的人先是口齿不清，面部痴呆，走路跟跄；接着耳聋眼瞎，全身麻木，忽而酣睡，忽而异常兴奋；最后精神失常，身弯如弓，在高声叫喊中死去。人们从来没有见过这种病，于是就以当地地名命名，把它叫做"水俣病"。

猫为什么会发狂跳海？人为什么会神经失常？日本熊本大学医学部的研究人员经过多年调查研究，终于揭开了这个谜，原来水俣病是由汞（确切一点说是甲基汞）中毒造成的。

汞是一种有毒的银白色金属，也叫水银。化验结果证明，水俣病患者的头发和尿中所含的汞比正常人高，脑、肾、肝中也含有不少汞。汞聚积在脑子里，毒害脑神经，结果就使猫发疯跳海，人精神失常，死得十分悲惨。

水俣镇附近有一家生产聚氯乙烯和醋酸乙烯的新日本窒素肥料公司，生产过程采用成体低的汞催化工艺，把大量含有汞的废水和废渣排放到水俣湾中，汞在鱼、贝体内积累，浓度大大增加，人和猫吃了含汞的鱼、贝，就得了可怕的水俣病。据1972年日本统计，仅水俣镇一处就有180多名水俣病患者，死亡50多人。

遍及全球的重金属污染

　　距日本发生水俣病没几年，日本又发生了一起震动世界的公害病事件，并且同样由像汞一类的重金属污染所引起，那就是1955年至1972年发生在富山县神通川的骨痛病事件。

　　神通川横贯日本中部的富山平原，两岸人民世世代代喝这河里的水，用这河里的水灌溉肥沃的土地，年年丰收，岁岁有余，使富山平原成为日本的主要产粮区之一。

　　1931年，日本三井公司在神通川上游创建矿业所，开办炼锌厂，从此大量的炼锌废水未经处理便排入神通川。又由于自然界里的锌、镉常常伴生在一起，于是镉也跟着废水一起流到神通川里。当地农民用这种河水灌溉农田，农田里长出的稻米含有很多的镉。人们长期喝含镉的河水，吃含镉的稻米，久而久之，镉就在人体里慢慢积累起来。

　　镉同汞一样是一种有毒的重金属，它能毒害人的肾脏和内分泌系统，还能置换骨中的钙，使骨头变得又松又脆，极易断裂。

　　1955年，先是发现神通川里的鱼大量死亡，两岸水田大面积死秧减产。接着就有人出现了从未见过的骨痛病。患者初期腰、背、膝关节疼痛；随后遍及全身，身体各部位的神经、骨骼都痛，痛得使人没法行动。连吃饭、呼吸也痛；最后骨骼软化萎缩，自然骨折，直至饮食不进，在衰弱和疼痛中死去。解剖了一些患者的尸体，发现骨骼都含有过量镉，有的骨折达20多处，身长缩短30厘米，骨骼严重畸形，真是惨不忍睹。

　　从1963年到1968年5月，经确诊的骨痛病患者就有258人，死亡128人，到1977年又死79人。

　　铅对人体也非常有害。

　　人类用铅已经有几千年的历史。古罗马的贵族常用铅做器皿、头饰，又吃含铅的葡萄酱（考古学家曾在他们的尸体上发现了硫化铅的黑斑），他们还用铅管输水灌溉他们的帝国，因此成了世界上第一个受重金属严重污染的文明地区（流过铅管的水会慢慢地毒害居民）。

今天水中含有的铅，一部分来自铅的冶炼厂，一部分来自用铅作原料进行生产的企业，但是最主要的还是来自汽车的尾气。很多汽车用四乙基铅做汽油防爆剂，当汽车发动机开动时，四乙基铅随着汽车排放的尾气进入大气；以后遇到下雨、降雪，它们又落到水和土壤里。

铅通过呼吸或饮食进入人体，日积月累，终于酿成慢性铅中毒。铅对大脑、肾脏、血管、造血功能都有害处，患者贫血、消化不良、神经衰弱、麻痹，直至出现癫痫、痴呆、狂躁等症状。

糟糕的是铅中毒还有可能影响患者的家属和后代，造成孕妇流产或生下畸形儿、死胎。有的后代大脑迟钝、行动失调，甚至夭折早逝。

汞、镉、铅之外，污染环境的重金属还有铬、铜、钒、镍、钼，等等。它们有的在一定条件下会转变成毒性更大的金属有机化合物，而且化学性质稳定，可以在水中游荡几十上百年都不发生变化，因此水体一旦受到重金属的污染，往往很难清除干净。

别看水中重金属的浓度微乎其微，但是通过浮游植物——浮游动物——鱼类这条生物链的逐级富集，浓度越来越高，最后鱼体内的重金属浓度可以达到原来水中重金属浓度的几千、几万倍，从而对生物或人体产生很大的毒害。

重金属污染已经遍及全球，水、大气、土壤中都可以找到它们的踪迹。拿铅来说，科学家告诉我们，连南北两极冰雪中的含铅量都在成倍增长，现代人体内的含铅量相当于原始人的100倍！

从火和烟到大气污染

原始时代，我们的祖先住在山洞里，靠狩猎，采集野果为生。突然有一天，天空中雷鸣电闪，山洞附近起火，大片大片的森林被火吞没，各种动物不是被烧死就是被大火赶走，野果树也被烧焦。大火过后他们发现了一些烧焦的动物，终于从中明白了火的妙用。于是，他们将火带进山洞，学会了用火烤熟食物和取暖。同时也给山洞里带来满洞的烟雾，呛得他们直流泪，这就是人类历史上最早的大气污染。

后来，祖先搬出山洞，搭起住房，火和烟雾随之在新家落户。为了防止烟雾在室内弥漫，祖先发明了烟囱，从烟囱出来的烟，排放到室外之后，很快被大气稀释，减少了室内空气污染，人类第一次战胜了居住中的环境污染。

16世纪以后，人类科学得到了很大发展，人们从地下挖煤作燃料，开办了各种大型工厂，与此同时，各式各样的烟囱像雨后春笋般地冒出地面，排出的烟越来越浓。大气不堪重负，开始变得污浊，有的地方人们在室外要戴上口罩和防毒面具。大气污染再次发生，不过这次污染不是发生在室内，而是发生在室外。可悲的是，烟囱的发明本是为了减少环境污染，如今却成为大气污染的代名词。

以台湾为例，台湾每天有17%以上的时间空气严重污染。每当台湾气象局预报岛内明日是晴天时，环保局便会随后补充说：明日也是污浊天，由于天晴无风，烟囱排出的污染无法扩散出，希望民间减少外出，紧闭门窗。两三天内台北天空尘雾弥漫，街上视线不清，从台北罗斯福路看不见北方的翡翠山，从仁爱路瞅不清东边的狮形山，一直要等到阴雨时，空气中尘雾被雨水冲洗，大气污染才得以减轻。近年来台湾空气污染的问题日益严重。

也许你会问，为什么物质燃烧时能造成大气污染？

这是因为物质在燃烧的过程中，排出许多有害物，如二氧化硫，氮氧化合物、有机物、灰尘等。这些物质在大气中积累，就会导致大气污染。目前，大气污染已经不只是烟雾问题，还有光化学烟雾、酸雨、臭氧空洞、温室效应……已搞得人类焦虑不安，防不胜防。

马斯河谷烟雾事件

比利时马斯河谷有一小镇，这里三面环山，山上绿叶葱葱，山花遍野，不时传来鸟儿的歌唱，山脚下溪水长流，通向原野，四周一片宁静。谁也想不到就在这美丽的地方发生了最早引起世界注意的马斯河谷烟雾事件。

原来马斯河谷小镇不知从何时起出现了许多烟囱和工厂，浓浓的黑烟常常充满河谷，山上鸟儿不见了，山上的树掉叶了，这些现象，并没有引起人们注意。

1930年12月1日至5日，马斯河谷上空连续几天出现逆温层效应。排出的浓烟在大气中得不到及时稀释，浓烟中有毒物质大量累积，几天之内，大批家禽死亡，数千人呼吸道发病，一周内有60多人病逝。后经尸体解剖证明，病因是呼吸道内壁受到刺激性化学物质的损害。

类似事件，在其他国家也出现过，1948年在美国匹兹堡南部一个工业小镇多诺拉发生烟雾事件，有6000多人患病，占全镇居民的43%，20多人死亡。

伦敦煤烟雾事件最有名，1873、1880、1892、1952年多次发生的烟雾事件，造成5600多人死亡，患病者成千上万。使伦敦烟雾成了著名的"杀人雾"，一直到20世纪60年代中期，伦敦煤烟雾还在继续为害。

煤烟雾为什么如此嗜好"杀人"？经研究查明，烟雾之所以造成危害是由于烟雾中含有大量的二氧化硫和飘尘。二氧化硫能使人支气管收缩而痉挛、加重呼吸系统和心血管系统疾病。空气中二氧化硫的浓度达0.3－1ppm，人就会有不适的感觉，达到8ppm时就会感到难受，植物生长就会受到影响。

飘尘是指直径0.1微米到10微米的固体或液体颗粒，常见的烟和雾就是一种飘尘。飘尘可以带正负电荷，长期存在于空气中，削弱日光的强度和减低空气的能见度，使空气多云、多雾、浑浊，降低地表温度，使物品变脏和损坏。

此外，飘尘被人吸入肺里，飘尘吸附的有害物质会危害人们的健康。飘尘还会与二氧化硫协同作用，使其毒性大增，如果这时天空中出现"逆温层"，二氧化硫和飘尘就会凶相毕露，造成人畜死亡的惨案。

我国虽然是发展中国家，但烟雾污染却相当严重，重庆、桂林、本溪等地尤为突出。在20世纪80年代，被称为"煤铁之城"的本溪市，由于它上空被弥漫的烟雾遮蔽，本溪城从卫星发回的照片上消失了，好像被开除球籍了，本溪被冠上了一个雅号——"卫星上看不见的城市"。

我国乡村小工业的经济迅速发展，使发生在大城市的烟雾正在向农村扩散。以云、贵、川三省的土法炼硫磺为例，由于技术落后、生产方式原始，大量的硫和铁，以"三废"形式排入环境，造成炼硫区内磺烟笼罩、毒气熏人。有的炼硫区方圆9平方千米内，空气中二氧化硫浓度超过国家标准5至50倍，整个炼硫区山光岭秃、寸草不生，大片耕地失去了生机，变成了死地，上万农民丧失了维持生存和繁衍后代的基本农业环境。

"蓝色的烟雾"

1943年夏，当时美国的第三大城市——洛杉矶，发生了一种奇怪的天气现象，大气能见度降低，空中游荡着像幽灵一样的蓝色烟雾，无情地"追杀"洛杉矶市民，数不清的人出现眼睛红肿、流泪、喉痛、胸痛、呼吸衰竭等现象。

1955年夏，这种杀人的蓝色烟雾再次降临洛杉矶上空，几天之内，近400位老人死亡。

据统计：1955至1970年，洛杉矶共发生80多次烟雾事件，每次烟雾期间，除了危害人之外，郊区生长的蔬菜全部由绿色变为褐色，大批树木落叶枯萎。洛杉矶的650万平方米的松林62%受害，其中29%干枯致死。以后，这种美国人害怕的烟雾又频频光顾日本东京和欧洲各国。20世纪70年代后，我国兰州也出现过这种烟雾。

这种烟雾是由什么组成又怎样产生的呢？

经反复调查，制造这种蓝色烟雾事件的幕后操作者就是二次工业革命的骄子——汽车和化学工厂。汽车尾气和工业废气中含有烯烃类碳氢化合物和二氧化氮，在太阳紫外光的作用下，经过一系列反应生成臭氧、醛、过氧乙酰硝酸酯等系列氧化剂，形成蓝色的烟雾，由于这种烟雾需在阳光下产生，科学上把它称为"光化学烟雾"。

天降"酸雨"为哪般

1984年，联邦德国37000万平方米的森林，有1.5%死亡，16%受到严重损害，33%受到轻度损害。谁之过？科学家们查来查去，得出的结论：这是"雨水滋润"森林造成的结果。事隔一年，欧洲15个国家中，竟有7000平方米的森林因"雨水滋润"而遭受损害。

"雨水"不但杀死植物，还杀了大量水生物。瑞典1万个淡水湖中，有2500个湖泊，由于"雨水"光顾，造成湖泊中水生物大量死亡。挪威南部的5000个湖泊中，有1750种鱼虾绝迹。加拿大的5万个湖泊因"雨水"光顾，有成为"死湖"的危险。在美国纽约州，由于"雨水"的长期作用，已有170多种生活在湖泊里的生物灭绝，像布鲁克特劳特湖，20年前这里盛产鲑、鲈和狗鱼，能令任何乘兴而去的垂钓者都满载而归，如今，你即使把湖水抽干，也见不到鱼的影儿。类似的情况在世界各地都有发生，许多地方拄有一池汪汪的湖水，撒下网去捞不着一条鱼。渔民们不是"三天打鱼，两天晒网"，而是将渔网永远搁置，另谋生路去了。

"雨水"为什么会造成这样的后果呢？

经分析，"雨水"中含有硫酸、硝酸或有机酸，雨水的酸度赶得上西红柿汁，甚至像醋一样的酸。1974年降落在英格兰地面的酸雨PH值竟达2.6，而正常的雨水酸度PH值在5.6左右。科学家把PH值小于5.6的雨雪或其他形式的降水称为酸雨。

当酸雨降入湖泊中，湖中水质偏酸，如果没有足够的碳酸盐与之中和，湖底的铁、锰等有害物质增加，就会杀死那些对酸度变化敏感的水生物，减少绿色植物产量，破坏湖泊中的营养食物链，使鱼、虾减少或绝迹。

当酸雨降到土壤中时，它会破坏土壤的通气性、渗透性，以及离子交换能力，降低土壤的肥力，降低植物抗病虫害的能力，使森林和农作物受到损害。

此外，酸雨对建筑物、金属制品、名胜古迹与雕塑也造成危害。德国每年由于酸雨侵蚀混凝土建筑，造成建筑物水泥疏松、结构变形，甚至坍塌。美国每年有1/3铁轨损坏与大气污染和酸雨有关。加利福尼亚州由于酸雨作用，交通工具不到一年就需再涂一层新的防腐涂料。我国重庆嘉陵江大桥，在酸雨的作用下以每年0.16毫米的速度锈蚀，远远超过瑞典斯德哥尔摩每年0.03毫米的速度。欧洲的许多古文物、古建筑，如巴特农神殿，伦敦英王查理一世塑像，埃及的金字塔、狮身人面像，美国的自由女神像，都受到酸雨不同程度的侵腐和破坏，有些古建筑甚至变得面目全非。北京的汉白玉石雕同样受到严重侵蚀，故宫太和殿台阶旁的栏杆柱，几十年前，柱上浮雕虽经历了几百年的历史，花纹依然清晰，但短短几十年过去，浮雕大多数已经轮廓模糊。新中国成立初期修建的天安门广场旗杆柱，已呈现出粗糙不平的表面，令人痛心。

酸雨危害如此之大，称它为"死神"一点也不过分。那么这位"死神"是如何产生的呢？它主要是燃烧煤和油时排出的烟气造成的。这种烟气中含有大量的二氧化硫、氮氧化物、有机物，在飘尘的催化下发生氧化还原反应，分别生成三氧化硫、二氧化氮和有机酸，前两种化合物溶于水汽中生成硫酸、硝酸，形成酸雨。

令人可笑的是，酸雨的产生与人们为减少烟雾危害所做的努力有关。20世纪70年代中期以后，工程师们把烟囱设计得越来越高，有的高达300米，以防止逆温层效应造成烟雾危害，没想到烟雾飘到高处，变成更加厉害的酸雨。看来要想消除酸雨的危害，还得想法减少二氧化硫和氮氧化物的排放量。

大气漏出了"臭氧洞"

科学家在1985年首次发现：1984年9、10月间，南极上空的臭氧层中，臭氧的浓度较20世纪70年代中期降低40%，已不能充分阻挡过量的紫外线，造成这个保护生命的特殊圈层出现"空洞"，威胁着南极海洋中浮游植物的生存。据世界气象组织的报告：1994年发现北极地区上空平流层中的臭氧含量，也有减少，在某些月份比20世纪60年代减少了25%-30%。而南极上空臭氧层的空洞还在扩大。臭氧层变薄，使太阳紫外光对地球表面的辐射增强，导致全球皮肤癌患者显著增多。据不完全统计，由于臭氧层破坏，皮肤癌患者每年增多50万人，其中，恶性肿瘤病例2.5万人，死亡约5000人。科学家们推断，臭氧层厚度每减少1%，就会使皮肤癌发病率增加4%。如臭氧层按目前速度继续减少下去，在不久的将来，全球将有1.54亿人患皮肤癌，1800万人患白内障，农作物减产7.5%，海洋中20米以内深度的浮游生物、鱼苗、虾和藻类将减产25%，建筑、绘画、聚合材料的使用寿命也将相应缩短。

臭氧层破坏引起这么大的危害，是谁之过呢？臭氧层又是怎么形成，起什么样的作用呢？

如果你手中有一个放电器或紫外光源，请你接上电源，不一会儿，你就会闻到空气中有一种刺鼻的气味，产生这种刺鼻气味的物质就是臭氧。大气中的臭氧也是由天空中放电（如雷鸣电闪）或太阳紫外线辐射产生的。臭氧是由三个氧原子组成的蓝色气体，我们的地球看上去是一个蓝色星球，主要就是臭氧的贡献。正常情况下90%的臭氧集中在15至50千米的平流层中，即使是浓度最高的地方，它的浓度不到十万分之一。对流层中的臭氧浓度比平流层低1000倍左右，由于臭氧浓度低，它不会对生命造成危害。但如是对流层中臭氧浓度增加到2%时，就会造成臭氧污染。洛杉矶的蓝色烟雾就是臭氧浓度增加造成的。

如果我们把全球的臭氧集中，臭氧形成的气层厚度不到3毫米。你不要小看它，它在平流层中组成了一个天然屏障，犹如一位生命的忠实"卫士"，昼夜不停地为我们工作。臭氧层允许波长大于3000埃以上的紫外线和可见光通过，而对波长2000到3000埃的有害的紫外光则被它无情地吞掉。由于它的功劳才使地球的生命得到保护和繁衍。

臭氧层对地球生命如此重要，可它近年来惨遭破坏，这是谁之过呢？

科学家们众说纷纭，有的认为与太阳辐射粒子和磁场袭击地球有关；有的认为与火山活动有关；有的认为与亚马孙地区不断出现森林火灾有关……

但有一条原因是大家公认的，这就是臭氧层减薄与氯氟烃和卤代烃化合物有关，这些化合物化学性质稳定，不易燃烧、易贮存、价格便宜，因而广泛用作冷冻剂、稀释剂、塑料起泡剂和喷雾剂。当它们散发到对流层中时，由于化学性质稳定（在对流层中平均可存在100年左右），因此能上升到平流层中，在强紫外光的作用下，分解出氯原子。一个氯原子就足以破坏1万个以上的臭氧分子，足可见其危害之大。如今这些化合物每六年就增加一倍，为了拯救臭氧层，就必须找到代替氯氟烃类和卤代烃产品。这些产品除满足正常需要之外，还要保证它们在对流层中的寿命不能太长，这样，它们就无法上升到平流层，对臭氧产生破坏。

古人说"杞人忧天"，是指人们不必为"天"操心。今天"世人忧天"听起来耸人听闻，但已有科学的依据。

人类必须按自然规律办事

地球上的每一个角落都有生命在活动。有150万种动物、40多万种植物以及十几万种微生物，这是已经被确认或定名了的。全球实际存在的生物种数当然要比这个数字多得多，比如有的生物学家推测，地球上大约有500万到1000万种生物。

芸芸众生之中，只有人类称得上是"万物之灵"，任何别的生物都不能同人类相比。

每一种生物都是环境的产物，都是经过亿万年的竞争选择保存下来的。它们都对环境有极好的适应，各得其所，但同时又对环境产生着影响，有时甚至是"创造性"的影响。

有了肥沃的土壤才能长出茂盛的植物，可是，如果没有生物活动，没有有机体提供有机质，那贫瘠的沙粒又怎么能变成肥沃的土壤呢？

同样，原始大气以水汽和二氧化碳为主要成分，以后有了生物，特别是有了绿色植物，大气中的二氧化碳越来越少，氧气越来越多。绿色植物在完成原始大气向现代大气转变的过程中起到了关键的作用。

至于树木可使大地添绿，空气更新；蜜蜂能够酿造蜂蜜，传播花粉；田鼠会在地上打洞，危害庄稼……那更是司空见惯的事情。

所有的生物都只以自己的存在来影响环境。

人却不同，他有发达的大脑能思维，有灵巧的双手能劳动。他的强大不是与他的物质的量有关，而是与他的大脑、他的智慧和这种智慧指导下的劳动有关。人能有意识地改变环境，利用和改造"天然自然"，创造"天然自然"所不存在的"人工自然"，让自然为自己的目的服务。

你看，依靠自己的智慧和劳动，人已经使地球的自然面貌发生了多么大的变化啊！荒山开垦成良田，天堑变成了通途；大坝截断江河，公路开进山区；洪水被用来灌溉发电，矿藏被采出广为利用；这里兴建一座座城市，那儿盖起一个个工厂。人们驯化了野生动植物，为发展农业、畜牧业开辟了道路；人们发明了蒸汽机和其他各种机器，建成了发达的工业化社会；人们还利用现代科学技术创造了无数惊人的奇迹，从飞天走地、呼风唤雨、移山倒海，到乘着宇宙飞船第一次登上月球。

但是，我们千万不要被胜利冲昏了头脑。人和其他生物一样都是地球这个特殊环境的产物，是整个自然界的一部分，我们连同我们的血、肉和头脑都是属于自然的。不管科学技术发达到什么程度，自然环境依然是人类赖以生存的基本条件。现在我们的生产和生活都以地球为基地来进行，几乎全部的能源和物质资料都取自地球；将来人类的生活仍然离不开自然，只是这种依赖会有新的形式和特点。

因此，我们不能站在自然界之外，凌驾于自然界之上，离开自然环境去奢谈什么"主宰自然"、"统治自然"。相反，人类必须服从自然规律，按照自然规律去认识、改造和利用自然，实现人和自然的协调发展。

不尊重科学，幼稚无知，傲慢狂妄，随心所欲，蛮干胡来，结果会怎么样呢？

人类不考虑后果的盲目行动，曾经而且现在仍在破坏着人与自然的关系，破坏自然界的和谐，破坏生态平衡。它使自然界的净化功能和资源再生能力降低，使自然界自动调节、自动控制的功能以及维持生命的能力受到损害，这样不仅会危害人类的根本利益，甚至会危及人类的发展和生存。

这是大自然对被胜利冲昏了头脑的人类的报复和惩罚。

◎ 海洋告急 ◎

　　海洋，是生命诞生的摇篮；覆盖全球的海水在大气的循环中维系着生灵的生存，并使地球成为已知宇宙中惟一存在生命的星球……

　　人类依赖着海洋，几十万年来深受她的恩泽，然而，人类却肆意污染着她！请听听海洋母亲的呼救吧……

海洋成了"垃圾桶"

　　海洋是生物诞生的摇篮，至今人类还像婴儿依偎在母亲怀里一样依偎在大海的身旁。

　　沿海，是地球上人口最密集的地带。全世界有50%的人口居住在离海岸50公里范围内。因此这里也成了各国城市和工业最集中、经济最发达的地区。日本全国1/3的城镇，2/3的人口，大约60%的工业分布在狭长的沿海地带；美国60%以上的人生活在海岸带。地中海的法国和意大利沿岸，密集着5万多家工厂。我国东部沿海，也是全国经济最繁荣的地区，11个沿海省、区、市土地面积虽然只占全国的不足14%，而人口却占40%以上，国民产值占60%以上。

　　造成沿海人口、城市和工业高度集中的原因很多。例如这里的气候温和湿润，风景优美，又有"渔盐之利，舟楫之便"等等。然而，把海洋当作一只装不尽、填不满的垃圾桶，可以随意处置生活和生产过程中产生的各种废弃物，也许是人类作出"临海而居"这一抉择的重要初衷之一。自古以来，人类从海洋里获取各种资源，把无用的废物扔进去，已经习以为常，成为"天经地义"的了。

　　那么，海洋究竟是不是一只垃圾桶，可以允许人类长期地、无节制地用来处理各种弃物呢？

　　为了回答这一问题，不妨先让我们来做一个小小的实验：往一盆清水里滴一滴墨水，它便慢慢地散开、变浅、消失，水几乎还和原来一样干净。可是如果不断地滴下去，水的颜色就会逐步变深，最后成了一盆黑水……可见干净的水里混进了少量的脏东西，不仅看不出有什么变化，对水的用途也不会有大影响；但是如果混进去的脏东西太多，就会使水变质，破坏了它的本来用途，我们就可以说这盆水被墨水"污染"了。

海洋，也可以把它当成是一只大水盆，里面的脏东西多了也会被"污染"。根据政府间海洋学委员会下的定义，海洋污染是指："人类直接或间接地把物质或能量引入海洋环境（包括河口），因而造成损害海洋生物资源，危害人类健康，妨碍捕鱼等海洋活动，破坏海水的正常使用价值和降低海洋环境的优美程度等有害影响。"

由此可见，海洋污染是人为引起的，而且对海洋造成了有害的影响。那些由于自然因素，包括自然灾害，如水土流失、海底火山爆发等，给海洋造成的破坏则不属于海洋污染的范畴。

海洋污染是众多环境问题中的一类。严格说来，自人类诞生以来，就开始有了人类活动与环境的关系问题。只不过在漫长的岁月里，人类只是采集和捕食天然食物，对环境的影响和动物差不多，主要是通过生活活动和生理代谢过程与周围环境进行着物质和能量的交换。人类主要是利用环境，而很少对环境造成损害，因此基本没有环境问题，更没有海洋污染。

随着人类学会了驯养动物和栽培植物，出现了农业和畜牧业。人类改造和破坏环境的能力越来越强。与此同时，也就产生了环境问题，但还局限于水土流失、水旱灾害、沙漠化、土壤盐渍化和沼泽化等。在区域上也只是局限于陆上。

16-17世纪，人类文明史上出现了一次以科学技术发展为主要标志的伟大革命，人类改造和利用自然环境的能力大幅度提高了。近百年来，尤其是20世纪50年代以后，人类在改造环境，征服大自然的历史进程中更以空前的步伐前进，创造了巨大的物质财富和现代文明。但随之带来的环境问题也日益严重。

工业生产的发展，使人们在认识自然对象中不断发现新的属性。例如以前只把石油当作燃料，后来又认识到它是重要的化工原料，从而大大扩大了原材料的使用范围。科学技术的进步，也产生了许多新的原来在自然界没有的物质。在17-18世纪，工业生产主要是对自然物体机械加工，改变其物理性质。这时，有金属粉末和碎屑产生。

19世纪到20世纪，由于化学工业的发展，人们掌握了物体的化学性质，于是有了许多以元素和人工合成物质形式出现的废物，特别是砷、汞、铅、酚、氰化物等一类毒物。

20世纪中叶以后，人们的研究又深入到原子核内，实现了人工重核的衰变和轻核的聚变，产生了原子能工业。这样就出现了放射性废物。石油等能源的利用范围的扩大，使工业产生的废气、废水和废渣增加了不少新的内容。蒸汽机烧木炭和煤，放出烟尘；内燃机烧汽油和柴油，锅炉烧重油、原油，放出二氧化硫……

总之，人类从地球深处唤醒了沉睡的自然力，同时也带来了毒气、毒渣和废水，不仅污染了陆地和大气，也污染了海洋。

要确切知道现在全世界每年有多少毒气、废渣和废水被排到海洋里是十分困难的，但可以肯定，它们的数量十分可观和惊人。例如，日本一年排到海里的污水就达7000多万吨，美国更多，达200多亿吨。前苏联每天有300多万吨工业废水和生活污水排入波罗的海。据粗略统计，我国沿海地区每年工业废水和生活污水的排放总量也有200亿吨，其中进入海洋的约80亿吨以上。

在排入海洋环境的废弃物中，无论是废水、废渣和废气，都含有多种有害或有毒物质，可以将它们统称为"海洋污染物"。根据污染物的性质和毒性，以及对海洋环境造成危害的方式，可以把它们分成几类：

石油及原油和从原油中分馏出来的溶剂油、汽油、煤油、柴油、润滑油、石蜡、沥青等，以及经过裂化、催化而成的各种产品。

金属和酸碱，如汞、铜、锌、铅、镉、铬等重金属，砷、硫、硫等非金属以及各种酸和碱。

汞、铜等重金属制剂农药，有机磷农药，百草枯、疏草灭等除草剂，滴滴涕、六六六、狄氏剂、艾氏剂、五氯苯酚等有机氯农药，以及在工业上应用，但性质与有机氯农药类似的多氯联苯等。

有机物质和营养盐类是一种成分十分复杂的污染物。有造纸、印染、食品工业排出的纤维素、木质素、果胶糖类、糖醛、油脂；有来自生活污水的粪便、洗涤剂和各种食物残渣；还有来自化肥的氮、磷等无机营养盐。

放射性核素指的是由核武器试验，核工业和核动力设施释放出来的人工放射性物质。

海洋里的固体废物种类繁多，凡是陆地上有的，海洋里几乎都有。主要有各种城市和工业垃圾，船舶的生活废弃物，海洋工程残土和疏浚泥等。

废热指来自发电厂、冶炼厂、化工厂等的工业冷却水带到海洋环境中的热能。

上述各种污染物可以从陆上排入海洋，也可以由海上直接进入，或者通过大气输运到海里。

河流沿岸的城市和工矿企业将污染物排入河道，再由河水输入海洋，这是陆上污染物入海的主要途径。在我国，通过这一途径输入海洋的污染物约占全部入海污染物的60%-80%。仅仅长江一条河流每年输入东海的污染物就占50%左右。

海滨城市和临海工厂通过专门的排污管道将污水排放入海也是污染物从陆地进入海洋的一个重要途径。例如大连湾沿岸就有100多处这样的排污口，每年往湾内排放污水近3亿吨，含各种污染物8万余吨。

此外，沿海油田（如胜利油田、松辽油田、大港油田）开发过程中散落在地表的石油，或者沿海农田喷撒的化肥和农药，也能被地表河流或雨水冲刷入海。

因此，可以把河流入海口、排污管道入海口、沿海油田和农田当作海洋的"陆上污染源"。

污染物还可以由海上直接进入海洋环境。比如船舶向海里排放含油压舱水、洗舱水、机舱污水和生活垃圾，海上平台排出含油污水和钻井泥浆，船舶和平台的事故溢油，航道疏浚产生的泥沙等。它们都是引起海洋污染的"海上污染源"。

海洋还是蓝色的吗？

通过大气输入海洋的污染物数量也不少，尤其是像滴滴涕、六六六一类有机氯农药，在喷洒到农田后很容易挥发到大气中，被风吹到海洋上空，最终沉降或被雨水冲刷入海。铅也是一种主要通过大气进入海洋的污染物。据统计，北半球由汽油的燃烧排入大气中的铅每年大约35万吨（汽油中含有四乙基铅作防爆剂），其中25万吨通过大气入海。

由人类的生活和生产活动产生的数量庞大、性质有害的形形色色的污染物，通过各种途径源源不断地进入海洋，已经和正在对海洋资源、海洋开发和海洋环境造成程度不同的污染和损害。这方面的例子很多，俯拾皆是。

美国向海洋排放的工业废物占全世界的1/5，每年都有上万起污染事件发生，近海普遍遭到污染，已经有近50万顷的贝类不能食用，有十几种鱼因污染严重而禁止捕捞。

北美的哈得逊湾每年经河流流入的污水有600万吨，其中夹杂着大量的城市和工业垃圾。目前湾内已有80平方公里的海域没有海藻和浮游生物，有600平方公里海域没有鱼类生存。

日本几乎所有的近海海域，如东京湾、伊势湾、濑户内海、洞海湾都曾经遭到过严重污染，经常发生因为食用污染的海产品而得病的事件。沿海海底垃圾成堆，往往一网能拖上一吨多，渔网也常常被海底垃圾挂破。

前苏联不仅向波罗的海排放大量工业和生活污水，就连小小的亚速海，流进去的污水竟相当于顿河年平均流量的15%。亚速海几乎成了"垃圾桶"。

地中海沿岸的国家每年排到这个几乎是封闭的海域中的污水有17亿吨，其中含有60多吨合成洗涤剂、90吨农药、100吨水银、2400吨铬、3800吨铅、2100吨锌，以及大量的润滑油和石油产品。这些污染物破坏着地中海沿岸的优美环境，危害着人们的身体健康。1973年，人们食用了那不勒斯海湾中的海产品，引起了霍乱流行；1978年，在西班牙的哥斯达布拉海滨下水游泳的人几乎都患上了脑膜炎；1979年8月21日，在巴达洛纳的游泳者全部中毒，染上了鼻窦炎、结膜炎等。埃及的亚历山大港也由于工业污染时常发出阵阵难闻的臭味。难怪有的生态学家叹息道："地中海正在毁灭，而我们只限于夸夸其谈。"

在我国黄海之滨的大连湾，20世纪60年代以前海产资源十分丰富，每年可捕捞鲜海参3万多千克，鲜扇贝10万千克，采集自然生长的海带和裙带菜10万千克。湾内一个捕捞单位年捕鱼量曾达750万千克，牡蛎单船日产100多千克，每逢秋季，大量海蜇乘潮涌入海湾，可直抵码头。那时整个大连湾内有渔业生产单位40多个，年产值高达1000余万元。然而随着工业的迅速发展和大连市人口的剧增，排放湾内的"三废"与日俱增，沿岸100多处排污口将大连市内500多家工厂的约3亿吨污水和近8万吨各处污染物"吐"入湾内，严重污染了海水和海底的底泥。20世纪70年代后，湾内自然生长的海参、扇贝绝迹，鱼贝虾数量猛减，而且常常因"油味"不能食用，原有7处海参养殖场、2处扇贝养殖场纷纷关闭。到1976年海带养殖也全部退出。估计每年损失海参1万千克，扇贝10万千克，海带1万千克。20世纪80年代后大连湾几乎年年发生赤潮，仅剩的贻贝养殖也面临厄运。

渤海湾是渤海的重要渔场之一，是某些经济鱼、虾、蟹类的产卵场和育幼场，贝类资源极其丰富。但是由于天津塘沽、汉沽和河北唐山、黄骅地区工业废水的排入，使渤海湾西部水域受到严重污染。据统计，这些地区的工业污水入海量每年约5.28亿吨，生活污水1.4亿吨，排污口附近海域已变成无生物区，其他地方生物种类也明显减少，污染事故时有发生。如汉沽化工厂的污水曾多次造成南北20千米沿岸海域大批鱼虾死亡，周围1.8万亩滩涂贝类遭殃。1990年7月2日-31日北戴河两次提闸放水，大量有毒有害工业污水顺歧河口入海，使沿岸15公里的水面全部变成黑色，附近虾池用了受污染的海水，造成5200多亩虾池中毒，养殖虾大批死亡，其中140亩绝产，800多亩死虾达40%-70%，经济损失892万元。该湾原来盛产的带鱼、小黄鱼、鲳鱼、鲈鱼和梭鱼现在已基本绝迹。

在素有"东方瑞士"美称的青岛，市区西侧的胶州湾收容着沿岸800多家工厂排出的有毒废水和废渣，每年工业废水排放量7000多万吨，含有各种污染物8000多吨；生活污水1600万吨，岸边堆放的工业废渣35万吨，此外，还有大量的烟尘废气。造成了胶州湾生态环境的严重破坏。湾东岸滩涂生物种类锐减，有的几乎绝迹。如沧口海滩20世纪60年代初有生物141种，虾、蟹、贝、蛏俯拾皆是。可是20世纪70年代中期，生物种类减至30多种，而20世纪80年代只有17种。据估计，仅这一处的滩涂每年就损失贝类1500万斤。更令人忧虑的是，由于废渣的倾倒填海，胶州湾水域正以平均每年22平方公里的速度缩小，今日的胶州湾水面只有1935年的2/3了。如此下去，几十年后胶州湾将夷为平地，美丽的海滨城市也将会失去昔日的光彩！

我国最大的河流长江，每年通过它流到舟山渔场的污水多达20多亿吨，造成渔场水质恶化，不仅危及这里丰富的水产资源，海产品中有害成分也逐年增加。有人惊呼：舟山渔场"已经成为沿岸城市的纳污场所了"。

珠江口和广东沿海地区情况也不妙。这里每年向海洋排放工业废水9亿多吨，生活污水7亿多吨，海水严重变质，生物资源大量减少，一些鱼、贝濒临绝迹，海水养殖业也遭到破坏。

海洋成了名符其实的"垃圾桶"，难道这不是人类的一个重大失误吗？！

海洋中的"赤潮"和"黑潮"

"蓝色的大海"将是一个古老的童话。一个夏日的雨后，人们发现，蓝蓝的海水忽然变成了铁锈红色。随着阵阵海风，飘来一股股腥臭味，无数的死鱼烂虾被抛上海滩。

这就是赤潮，也叫做红潮。赤潮现象不仅海里有，江河湖泊也会发生。赤潮古已有之。不过那时很难遇到，人们往往把它当作水上奇观来欣赏。

可是现在的情况已经今非昔比了。20世纪以来，尤其是50年代以来，许多河口港湾，赤潮屡屡发生，成了破坏渔业生产和危害人体健康的大敌，我国在20世纪80年代就出现了16次有记录的赤潮。

赤潮之谜也被人们初步揭开。

俗话说："作物营养三件宝，氮、磷、钾肥不可少。"在正常情况下，水体中的营养成分比较少，这就限制了水中生物的繁殖。但是，一旦环境条件发生变化，过多的营养物质进入水体，造成水中生物加速繁殖，却又会带来意想不到的灾难。赤潮恰恰就是由于水体受到有机物的污染，进入大量营养元素引起的。

生活污水中含有很多的有机物，尤其是含磷的洗涤剂，给水体送来了不少营养素；工业废水，主要是食品、印染、造纸工业的有机废水，含有不少的脂肪、蛋白质、纤维素，因而也就含有不少的氮、磷、钾；农业大量施用氮肥，真正被庄稼利用的不过一半，其余都随着流水进入江河湖海；许多农业废弃物，包括作物秸秆、牲畜粪便之类，也是水中营养物质的一个来源。

这样一来，水体的营养就"富"起来了。这一"富"可不要紧，加上温度、光照等其他条件合适，某些水生生物就会趁机"大吃大喝"，加速繁殖，疯狂生长，占据大量水域。赤潮就是这样发生了。

形成赤潮的生物有800多种，我国海域就有60多种，绝大多数是肉眼看不见、形态简单、随波逐流的浮游生物，呈现褐、棕黄、绿乃至乳白、蓝绿等颜色。

　　异常生长的赤潮生物占据了大部分水域，它们在疯狂繁殖、发育、生长，以及死亡后被微生物分解的过程中，需要消耗大量的溶解在水中的氧气，而水中的溶解氧是有限的，于是那些经济价值高的海洋生物特别是鱼类就会感到大祸临头，不是逃避，就是丧命。

　　有些赤潮生物能分泌粘性物质附着在鱼虾贝类的鳃瓣上，大量的赤潮生物还会直接堵塞海洋生物的呼吸系统，使它们窒息致死。

　　像裸甲藻、漆沟藻、鞭旋虫等一类的赤潮生物是有毒的，能分泌多种毒素，毒性比眼镜蛇毒还厉害。鱼、贝吃了这些含毒素的赤潮生物，毒素在它们体内不断积累，以后人或其他动物吃了带毒的鱼、贝，就有可能中毒身亡。

　　1967年至1973年，仅仅6年之中日本就遭赤潮危害758次，渔业等经济损失达241.74亿日元。美国佛罗里达1984年11月10日爆发一次赤潮，遍布美国东南沿海160公里的海域，死鱼烂虾铺满海滩，臭气冲天，触目惊心。1989年夏，我国河北沿海发生大面积赤潮，波及沿海7个县市，直接经济损失达两亿元。

　　海上不仅有赤潮行凶，还有"黑潮"作恶。赤潮是浮游生物的恶作剧，"黑潮"的主角却是黑乎乎的石油。

　　近些年来，人们以空前的速度和规模开发利用石油，而在石油开采、运输、炼制、储存和使用的过程中，有一些往往会泄漏而进入水体，尤其是海洋。"黑潮"就是一种在海洋上飘浮的大面积石油污染的现象。

　　由于油船相撞、触礁、失火以及油井爆炸等原因，20世纪七八十年代发生重大"黑潮"事件20多起。

　　1978年3月16日，美国油船"阿莫科·卡迪斯"号在法国沿海触礁，船上运往荷兰的25万吨石油几乎全部流入海中，法国不得不出动5000名海陆军组成的专门部队来清除油污。事故发生15天后，法国200公里海滩被油污覆盖，80%的鱼类、贝类生产遭到破坏，最大保护区内的25000只鸟类受到灭绝的威胁。

　　一年后，墨西哥坎佩切海湾的一座海上采油平台倒塌，油井爆炸，酿成一次非常严重的海底油井泄漏事件。47万吨原油流入海洋，使这个地区1600公里的海滩受到污染，持续时间达1年之久。

1989年3月，在美国阿拉斯加沿海发生了一起"瓦尔德斯"号油船事件，流进海洋的原油造成数以万计的海鸟、海豹、海狮和其他动物死亡，1000多公里的沿海地区受到污染，当地的手工和工业化捕鱼业濒临破产。由于事件发生在美国制订环境法之后，拥有这艘轮船的埃克森石油公司不得不拿出34亿美元来清除这个地区的石油污染和给5000当地居民以赔偿。

在海湾战争中，入侵科威特的伊拉克军队采取了绝望的野蛮行动，至少向波斯湾排放了35万～70万吨石油，给整个海湾地区的生态环境和渔业生产造成空前破坏。一些环境专家说，它所造成的环境影响也许要持续几十年。

除了大面积的"黑潮"污染，石油还能通过别的途径进入海洋。运送石油的油船每次卸完油以后，总有许多残留的油被清洗入海。油田、炼油厂、石油化工厂排出的废水里含有油，汽车、轮船、烧油发电厂排出的废气中含有油，通过自然界的水循环，这些油最后也将流到海洋里。

全球每年进入海洋的石油多达320万吨。

黑色的油污粘满海边岩石、沙滩，使风景优美的海滨黯然失色，打击了旅游业。大片油膜覆盖在海面上，阻碍海水蒸发，给气候带来不利影响。油膜还会阻碍氧气溶解于水，挡住阳光射进水中，威胁海洋生物的繁殖和生存。

水中之油会破坏细胞分裂，影响藻类生长；油使鳃瓣发炎坏死，鱼儿窒息丧命。鱼、贝在被石油污染了的水中生活，浑身充满油味，叫人无法食用。

海鸟被油污破坏羽毛组织，全身浸湿，游不动，飞不起，不被溺死饿死，也会在寒风中冻僵。有毛的海兽和海獭也会遭到与海鸟同样的命运。在美国的一次油污事件中，有5头巨鲸和4头海豹海狮由于鼻孔被油污堵住而憋死，还有一头海狮变成了双目失明的"瞎子"。

人类"煮海"的恶果

在我国流传着这样一个故事：传说很久很久以前，广东潮州有位书生姓张名羽，字伯腾。张羽早年父母双亡，也曾饱读诗书，只因功名未遂，游学到东海边的石佛寺。

一天夜晚，张羽心情不宁，拿起七弦琴轻轻抚弹起来，不料悠扬的琴声吸引了路过这里的东海龙王的三公主琼莲。两人一见钟情，愿结百年之好。

但是东海龙王执意不答应这门亲事。张羽便带着好心的道姑赠与的银锅、金钱和铁勺来到沙门岛。他拣了三块石头，支起了银锅，用铁勺舀了一锅海水，又把金钱放进锅里，然后点起了火。

锅里冒出了热气，海面也变得蒸汽腾腾。

锅里的水咕嘟咕嘟地开了，海里的水也像开了锅似的，直冒泡。锅里的水熬干了一分，海水也落下了十丈。

海水一翻滚，龙王的水晶宫热得受不住了。龙王无奈只好允应这门亲事。于是，海面又重归平静，水晶宫里也恢复了正常……

如果说张羽"煮海"只是把东海龙宫扰得鸡犬不宁，那么现代人"煮海"却给世界许多地区的海洋造成了危害。这些掌握了现代科学技术的人们当然不会沿袭老祖宗的办法，他们把大量加热过的水排到大海里，使海洋患上了"热污染症"。

环境科学家对海洋热污染定义为"热废水对海洋的有害影响"。一般认为，长期将超过周围海水正常水温4度以上（有人认为是7-8度）的热水排到海洋里就会产生热污染。

热废水来源于工业冷却水，其中尤以电力工业为主。其次还有冶金、化工、石油、造纸和机械工业。一般以煤或石油为燃料的热电厂，只有1/3的热量转变为电能，其余则排入大气或被冷却水带走。原子能发电厂

47

几乎全部的废热都进入冷却水，约占总热量的3/4。每生产1度电大约排出1200大卡的热量。1980年仅美国发电排出的废热，每天就有2.5亿大卡，足以把3200万立方米的水升温5.5度。目前，原子能发电站的发电能力一般为200-400万立方米，而一座30万千瓦的常规电站每小时要排放61万立方米的水量，水温要比抽取时平均高出9度。1985年，日本全国的火力发电站每秒抽取冷却水4-5立方米，原子能发电厂每秒抽取6-7立方米，以70%的运转率计算，日本每秒钟将有6500立方米的冷却水排海。其水量之大，相当于日本一条较大的河流——利根川年平均流量的21倍。

美国有85%的冷却水是电力工业排出的。1980年排出的水量是美国所有的河流总流量的五分之一。要知道，仅仅是一条密西西比河的流量就高达每秒18万立方米，可见电力工业排出的水量之巨大。二次大战后，世界发电量以平均每十年翻一番的速度发展。因此，许多有识之士担心热污染可能成为未来威胁最大的一类海洋污染。

大量的热废水流到海洋里会产生什么后果呢？我们只要看一看美国迈阿密附近的一座发电厂造成的环境影响就可以了解一斑。该电厂名叫"火鸡角电厂"，建于1967年，有一个432兆瓦的发电机组，每分钟向附近的水深只有1-2米的比斯坎湾排放2000多立方米的冷却水。排水口的水温比湾内正常海水高5-6度，大约有10-12公顷水域的表层水温升高4-5度，60公顷的表层水温升高3-4度，整个升温的海区面积超过900公顷。结果在升温4度以上的海域，所有的动物几乎全部绝迹，以往常见的绿藻、红藻和褐藻等植物全部消失。

在升温3-4度的海区，动物的种类和数量也大大减少，即使在温度升高不超过2度的海区，动植物的组成也和正常情况下不同了。在整个升温区，每逢夏季，就有大批幼虾和幼蟹死亡。

由此可见，热废水对海洋的影响主要是使海水的温度升高。那么，水温升高又有什么害处呢？

从生物学的角度来看，水温是对海洋生态系统平衡和各类海洋生物活动起决定性作用的因素。它对生物受精卵的成熟，胚胎的发育、生物体的新陈代谢、洄游等都有显著的影响。在自然条件下，海洋水温的变化幅度要比陆地环境和淡水小得多，因此海洋生物对温度变化的忍受程度也较差。海洋受到热污染后，原来的生态平衡被破坏，海洋生物的生理机能遭到损害。

习惯于在正常水温下生活的海洋生物，在水温升高后，有的"逃"走了，有的来不及逃避而死亡。尤其是在热带地区，夏季那怕只有0.5度温度的热废水长期大量排入，也可能危及生物。例如，在美国普吉特海峡和华盛顿州沿岸，夏季热废水使水温升高0.5度，结果引起了有毒浮游植物大量繁殖，有时甚至造成赤潮的发生。

许多鱼类都有洄游的习性，而洄游时间和路线是鱼类根据水温的季节变化确定的。一旦水温因热废水的排入而升高，就会使鱼类在错误的时间和错误的路线上洄游，这样就到达不了预定的目的地，因而传统渔场就会被破坏，甚至毁灭。

对于溯河性鱼类来说，情况更加严重。像梭鱼、大马哈鱼、河蟹一类的海洋动物，它们习惯于逆流上溯到河道里产卵。如果河口区被热废水"占据"，就等于形成一道不可逾越的屏障，将它们拒之门外，束手待毙。

水温的升高还能加速海洋动物的性腺成熟，"诱骗"某些鱼类早产，并且大大增加畸形幼鱼的比例。比如当水温升高到24度以上时，比目鱼几乎100%是畸形的。有人用广东沿海养殖的近江牡蛎作过试验，发现水温在23-28度之间，牡蛎胚胎还没有出现畸形；30度时，畸形率为18%；而35度时，畸形率增高到78%以上。

不仅如此，在水温异常的海区生长的鱼类往往还没有长到一定大小就提前成熟，"未老先衰"了。这样，真正成熟的鱼类数量减少，有的"未老先衰"鱼还不能繁殖生育后代。

海水温度的异常升高还有另一种危害，也就是减少了溶解在水中的氧气。陆上的动物用肺呼吸空气以维持生命，水中的动物除哺乳动物外，则是靠水中的溶解氧生存的。而海水中氧气的多少取决于海水的温度，温度升高，氧气减少。热废水的注入无疑提高了海水的水温，也势必减少了溶解在水中的氧气量。当水温升高到一定程度，海洋动物就会缺氧、窒息而死。而生物死亡后尸体腐烂又进一步加速了水中氧气的消耗。这样循环往复，久而久之，最后导致局部水质的恶化。

但是热废水也并非对世界各地的海洋一视同仁。总的来说，热带海域比温带和寒带海域受热污染的危害大得多，封闭和半封闭的浅水海湾比开

海洋告急

阔海区的影响也更明显。因此，在热带或浅海湾沿岸建设发电厂应更加慎重。尽管如此，我们也应该看到，在合适的区域热废水也有其有益之处。水温升高能使浮游植物加速繁殖，提高生产力，从而给以浮游植物为食的鱼、贝类提供了充沛的食物，加速了他们的生长。在英格兰一家电厂的热废水贮水池里饲养的鲽鱼，18个月就长到了可以出售的规格，而在普通海水中饲养则要4-5年。

　　日本利用火力发电厂的热废水养虾，成活率提高了一倍，生长速度加快60%-70%，亩产也从300斤增加到800斤，并实现了一年两"熟"。九州一家发电厂利用热废水饲养鲶鱼，4个月可长到0.5千克，比一般饲养快一倍，并创造了一年三"熟"的新记录。

　　在北方海区，热废水中可以用来防止冬季的冰冻。我国辽宁省营口市的鲅鱼圈港因建在冰区，每年冬季都由于冰封影响航运和港口作业。而附近不远处正在建设一座较大规模的电厂，将有大量热废水排出。因此专家们建议，可以将电厂的排水口布设在鲅鱼圈港附近，用热废水来缓解港池和航道的冰封。

海狮为什么流产

"基尼又流产了。"比特懊丧地向大家宣布,随后又重重地叹了一口气。比特是圣米格尔岛上海狮群中有名的接生婆。虽然已是老态龙钟,但行动起来仍很利落。经过她的手接生的幼海狮有多少连她自己也记不清了,现在围在她身边海滩上的海狮大多是经她接生的。因此大家都尊称她为海狮妈妈或海狮奶奶。

昨天半夜,母海狮基尼感觉不好,似乎有什么东西从腹中往下坠,下面还开始流血,要早产?不会。因为离预产期还有两个多月。莫非又……一片不祥的阴云飘上心头。"格瑞,快!快去请比特奶奶……"

格瑞是基尼的丈夫,一头健壮的雄海狮。此刻他正不知所措,围着基尼直蹦跳,鼻孔里还喘着粗气,也不知是着急还是生气。他俩成亲已经五六年了,基尼每年都怀孕,但每次都"流"掉了。只有一次,也许是上帝保佑,总算保住了。不料生下来的却是死胎,至今膝下连一个孩子也没有。莫非这次又要糟糕……

圣米格尔岛是美国加利福尼亚洲沿海的一座不大不小的海岛。这里真是一处好地方,四季气候温暖,阳光灿烂,岛上沙滩细软,清泉淙淙,海水清澈,水中鱼虾肥壮。也不知在什么年代,比特、格瑞、基尼他们的老祖宗经过激烈地搏斗,赶走了岛上其他的兽类,建立了海狮的独立王国。凭借着这块宝地,海狮家庭从此代代相传,子孙兴旺。比特记得小时候全岛海狮竟多达几万头,为了争夺地盘,不同部落间还差点"火拼"呢!

但是,从1968年起,圣米格尔岛上好像出了问题,母海狮流产的越来越多,死胎率也逐年上升。根据比特的接生记录,1969年流产了135头,1970年流产442头,1971年光死胎就有384起。从此岛上幼海狮越来越少,老龄化问题日益突出,许多海狮家庭只剩老俩口孤影相吊。现在全岛大约15000头海狮中,很难找到几头幼海狮了。长此下去,圣米格尔岛上的海狮大家族不就要自然消亡了吗？这怎能不引起全体海狮的忧虑与关注呢？

莫非是风水轮转？莫非是瘟疫传染？不管怎么样，一定要把问题弄清楚。

于是，他们请来了美国迪斯尼乐园的唐老鸭博士和他的高级助手米老鼠。据说唐博士还是一位动物世界里著名的学者呢！

唐博士、米先生一来就详细了解了岛上与生育有关的背景材料，然后立即动手展开调查工作。他们首先对幼海狮死胎进行了解剖化验，很快发现死胎体内滴滴涕的含量高得惊人。和正常的幼狮比较，脂肪中滴滴涕含量超出整整8倍，死胎为824毫克／千克。而活幼狮只有103毫克／千克；肝内含量高4倍，死胎为25毫克／千克，而活幼狮只有6.2毫克／千克；脑中的含量死的也比活的高许多。再检查那些处于育龄期的母海狮，体内滴滴涕含量更高，平均达911毫克／千克。除滴滴涕外，另一种与滴滴涕性质类似的化学物质多氯联苯在海狮死胎中的含量也出现了异常。

是有机氯化合物中毒！

为了寻找更充分的科学根据，唐博士又对海狮的食物进行了跟踪化验。结果发现，圣米格尔岛附近的加利福尼亚沿海，鱼、贝类，甚至小虾和浮游生物中滴滴涕和多氯联苯的含量也都比较高。

看来，海狮流产和死胎的原因找到了，它是周围海洋遭到有机氯化合物污染造成的。唐博士请米老鼠先生向海狮们解释说："滴滴涕和多氯联苯都是一种叫有机氯化合物的有毒物质。滴滴涕是人类发明出来用以消灭蚊蝇，控制疾病发生和防治农业病虫害的；多氯联苯则是工业上很有用的一种物质。当初人类发明它们的时候，并没有料到这类化学物质会长期残留在环境里；给海洋生物带来害处。"

唐博士接着补充道："你们海狮是海洋里的高等动物，处在海洋食物链的顶部，你们以鱼类为食物，而鱼类又以更低等的海洋生物为食。这样一来，海水里的滴滴涕、多氯联苯一类的有毒物质便通过食物链一个环节一个环节传递、浓缩、富集，到了你们的体内含量就很可观了。"他接着说，"这类化学物质进入你们体内后，便大量集中在脂肪组织中。它能诱发非特异性的肝脏酶系。使甾体激素和各种别的基质羟基化，从而改变体内某些生化过程，引起流产、早产或死胎，从而导致生殖率下降……"

"不过，"博士话锋一转，"现在人类已开始认识到了这个问题的严重性，他们正在采取措施禁止或限制滴滴涕、多氯联苯和其他有机氯化合物的生产和使用。情况会渐渐好起来的。"

接着，唐博士还认真地向海狮们介绍了另一个地方——波罗的海发生的类似情况。他刚从那里参加世界野生动物保护会议回来。他说：

"在波罗的海，你们海兽的同类很多，光是海豹就有三大家庭：班海豹、灰海豹和港海豹。自古以来，波罗的海海兽的数量很多，沿岸各国的人类一直把海豹作为一种资源加以利用。可是不久前，人类惊奇地发现，海豹数目越来越少了。例如在瑞典东南部一处海豹聚集地，20世纪40年代还有2万多头灰海豹，而眼下只剩下几千头了。整个波罗的海的班海豹也已不足200头。

"海豹数量的迅速减少，引起了各界的极大关注。一些人认为可能是人类对它捕杀太多了。但是据资料记载，从第二次世界大战以后，波罗的海海豹并没有遭到大屠杀，而且不久就被列入了重点保护对象。又有人认为是不是人类的活动，比如海上船只增多，捕渔业发展等，破坏了海豹的生活环境造成的。但是也不像，因为生活环境的改变只会迫使海豹迁移到其他地方去。

"随着海洋环境科学的发展，科学家们发现，一种叫做多氯联苯的化学物质是造成波罗的海海豹数量锐减的'罪魁祸首'。瑞典北部的波的尼亚湾，海水受多氯联苯污染比较严重，那里的育龄母海豹只有27%的妊娠率，而在其他海区，育龄母海豹的怀仔率可以达到80%-90%。后来又发现，在污染区不怀仔的海豹体内滴滴涕和多氯联苯的含量要比怀仔母海豹高得多。

"为了进一步弄清楚母海豹不怀仔的原因，科学家们对她们进行体格检查，发现她们都交配过并都曾经怀过孕，只是在正常临产前四个月左右胎儿或者'流'掉了，或者被消融吸收了。这样，大批母海豹临产前突然终止妊娠，大大影响了海豹的正常繁殖，导致海豹数量的急剧下降。

"那么，海洋中的滴滴涕和多氯联苯是如何进入海豹体内的呢？下面还是请米老鼠先生讲一讲吧。"唐博士有点疲倦，需要休息休息。

"大家知道，"米先生停顿了一下继续说，"波罗的海盛产鲱鱼，因而海豹日常就以鲱鱼为主要食物，据化验，这些鲱鱼体内多氯联苯的含量比海豹还高。"

"为了证实母海豹终止妊娠确实与吃了多氯联苯含量很高的鲱鱼有关，细心的科学家们用这里的鲱鱼饲养食性与繁殖方式和海豹差不多的水貂，结果发现后果几乎一样。"

唐博士、米先生的一席话，讲得圣米格尔岛上的海狮们一个个直点头。

临行前，博士向大家宣布，此次回去后他一定立即飞往内罗毕，到联合国环境规划署向那里的官员们反映圣米格尔岛、波罗的海，以及世界其他许多海区海洋动物的共同心愿：希望人类进一步控制有机氯化合物以及其他有毒有害物质的排放，祝愿人类在保护海洋环境方面作出更大的成绩！

海鸟为什么受骗

老爷爷给稚气未退的小孙子出了一道题：树上有10只鸟，猎手"砰"的一枪，打死了一只，树上还剩几只？孙子用小手托着下巴，大眼睛忽闪忽闪直眨，想了好一会天真地说："还有9只。""错了。"爷爷哈哈大笑，"枪声一响，剩下的鸟不都吓飞了吗？！"

由此可见，鸟类是很灵巧的，也很胆小谨慎。因此人们常用"惊弓之鸟"来形容胆小的人。不过，鸟类有时也很笨，容易上当受骗。

在遥远的欧洲，大西洋的北部，有一片不时掀起惊涛骇浪的海域——北海。那里的鱼很多，是世界上有名的渔场。在北海的周围，栖息着成千上万只海鸟，有信天翁、海鸥、海鹦、海燕……它们时而直插蓝天，时而俯冲海面，自由自在啄食着夹裹在海浪里的鱼虾，显得悠悠自得。

一天，饥肠辘辘的海鸟结伴外出觅食，当飞到苏格兰和挪威沿岸的时候，发现海面有无数"小鱼"随波逐流，缓慢游动。真是饱餐一顿的好机会。鸟儿们争先恐后扑下去，拼命地吞食起来……不料，一会儿个个腹痛难忍，非但没有饱的感觉，反而渐渐连食欲也没有了，最后在归途中纷纷掉进大海，葬身于茫茫汪洋之中。

其实，那漂浮在海面的并非是可口小鱼，而是来路不明的橡皮筋。它们漂在水中像鱼儿在游荡，因此被觅食的海鸟误吞下去，在胃中缠成一团，堵塞了肠道。

在世界上一些国家的海滩甚至外海，还常发现有许多用作塑料加工的中间产品——高分子合成树脂，又称"塑料球粒"。这种塑料球直径只有几毫米，有圆球形，也有圆柱形。颜色多样，深浅不一。遗憾的是它们也成了海鸟误食的对象。人们在新西兰等地已经多次发现海鸟误食塑料球造成卡住咽喉，堵塞胃肠，引起溃疡而死亡的事件。还有人发现，塑料球粒能吸附海水中的一种有害物质多氯联苯，从而把它一起带到鸟类体内。

据报道，至少有50种海鸟会误食塑料碎片和塑料球。其中信天翁、海燕、剪水鸟最容易吞食塑料碎片。尤其是剪水鸟，平均每天要吞食20块。它们大多喜欢吞食小、轻、黄色的塑料片或直径只有几毫米的塑料球。在解剖一只雌海鸟时，发现胃里有81块塑料片。

塑料碎片一旦被海鸟吞食，不能立即消化。软聚乙烯塑料一般在胃中停留2-3个月，而硬质塑料则能停留10-15个月之久。

然而最容易使海鸟受骗上当的还是那些悬在水中，时隐时现的塑料渔网。它们是渔民们废弃在海水里的。在水中，塑料渔网比传统的渔网更隐蔽，生物不易识别。而且塑料网在自然环境中很难分解，能在海水中几十年，甚至上百年而不腐烂。它像窗帘一样悬挂在海中，犹如张着大嘴的魔鬼等待着猎物。

许多海鸟都有潜水觅食的本领，一旦撞进塑料网，就会被网死死缠住，不得脱身而淹死在汪洋大海之中。据估计，在太平洋北部海域，仅日本渔民的流网每年就要杀死21450-76300只海鸟。在美国加利福尼亚沿岸，每年也有近3万只海鸦死于塑料网，相当于生活在这一地区全部海鸦的17%左右。1978年发现一张遗弃的1500米长的刺网上缠绕着99只海鸟。1981年在北大西洋中部一张长1.5千米的流网上发现了350只死海鸟。

塑料网具甚至能诱使海洋中的高等哺乳动物上当，像海豚、海豹、海熊等。20世纪70年代中期，动物学家发现，白令海的普里比洛夫群岛上的海熊数量越来越少，下降速度为每年平均4%到8%，现在只剩81.9万头，比1975年减少了一半。经过调查，发现杀死海熊的竟是一些长几米到几十米的废塑料渔网，还有那些漂泊在海面的塑料、塑料桶。海熊生性好奇，凡是能钻进去的东西它都要试一试。结果身陷囹圄，只好坐以待毙。估计每年因此死亡的海熊达4万只之多。有人还发现，海熊的减少速度恰好与白令海和太平洋北部流网和拖网的增加成正比。另据报道，在普里比洛夫岛上发现的403头受害的海熊中，有268头被丢弃的拖网缠住，有86头被塑料包装袋缠绕，有51头被其他塑料垃圾缠绕。

在20世纪七八十年代，北海海狮从5万头减少到了不足1万头，每年减少7%，夏威夷的海豹数量也从1950年1000-1200头降到了1980年的500-625头，30年间整整减少了一半。这些也都和塑料渔网的缠绕致死有关。即使是"海中之王"的巨鲸，别看它体大无比，照样上当受骗，深受塑料渔网之害。鲸鱼一旦被几十米长的渔网缠身，也是无计可施。

1975年-1986年，在美国东北部沿海曾发现20头巨臂鲸，15头缟臂鲸和10头露脊鲸身上缠有破渔网。1982年，美国动物学家在佛罗里达州海滩上发现一条死鲸，就是被渔网缠住，挣扎了几个小时不得脱身，最后饿死的。

十几年前，在亚得里亚沿海，一条长13米的抹香鲸冲上奥尔托纳市海滨浴场的浅水滩，解剖发后现，这头鲸体内有50多个塑料袋，还有许多其他垃圾。

也是在佛罗里达沿岸，有一条深受当地居民宠爱的鲸鱼，人们给她起了一个优雅的名字——伊比斯。它性情温驯，顽皮好动，对游人十分友好。但是1984年夏季，伊比斯突然钻进了一张破渔网中，绝望地挣扎着。几天后伊比斯神秘地失踪了。到了10月份，人们又一次见到它仍在网中苦苦挣扎。11月，伊比斯精疲力尽，终于连缠在身上的网一起冲上海滩。经过志愿人员的抢救，割掉了那足有30多米长的渔网。两周后伊比斯又恢复了元气，重新游入大海。

海洋哺浮动物吞食塑料碎片而受害的情况也时常发现。如在加利福尼亚，两头海牛由于误食了塑料片，造成肠道阻塞，损伤胃粘膜而死，在抹香鲸、海豚、尖嘴鲸的胃里都发现过有大量的塑料片。

即使是漂浮在海面的塑料袋也成了海龟误食的对象。对一些死海龟进行解剖发现，每个海龟的胃里都有塑料袋，有的多达15个。海龟把它们误认为是爱吃的海蜇吞了下去。

有人估计，全世界每年因受骗上当而丧生的海鸟达一二百万只，丧生的海洋哺乳动物也有数十万头之多！

"海鲜"为什么不鲜

在我国北方沿海，有一处美丽的海湾——大连湾。这里湾阔海深，山清水秀，海面上塑料浮子成排成行，整齐排列，养殖着海带、贻贝、扇贝等海产品。海底天然生长着海参、鲍鱼、牡蛎和各种贝、藻类，尤其是湾里的牡蛎（俗称"海蛎子"），个大、体肥、味美。挖出来的肉有的一个足有乒乓球大小，是其他地方生长的牡蛎不能比拟的。当地老百姓喜欢生食，在筵席上也可以做成一道名菜"炸蛎黄"，外酥里嫩，表黄内白，没有吃到嘴里就已经使你垂涎了。生物学家特地用当地的地名把这种牡蛎命名为"大连湾牡蛎"，以防其他种类的牡蛎冒名顶替，影响它的声誉。大连人对它们更是倍加青睐，干脆把自己的乡音也叫做"海蛎子味"。

也不知从何年何月开始，大连湾里的牡蛎吃起来好像有一股异味，说确切一点是有柴油味。起初油味不浓，后来越来越重了。煮熟后一开锅臭气刺鼻，谁还敢吃呢？！只好扔掉。继而这里捕捞到的鱼、贝、蛤、蟹等等陆续带上了同样的味道。有一段时间市场上，只要听说是从大连湾捞上来的海货，买主就摇头走开了。

大连湾牡蛎到底是怎样传染上这油臭的呢？用精密仪器对牡蛎进行分析表明，其中含有石油的成分。这就奇怪了，牡蛎生活在海水中，又不是浸泡在石油里，它们体内的石油究竟来自何方呢？人们慢慢发现，大连湾已不比往昔了，四周岸边到处是工厂，各种污水咕嘟咕嘟一个劲地往湾里排。海面上巨轮、渔船百舸争流，往日清澈的海水上面，现在到处是一片片彩虹色的油膜，在阳光照耀下闪闪发亮。在海水和海底泥中也都化验出了石油。实验证明，每升海水中即使含有0.01毫克的石油，生活在其中的鱼、贝体24小时内就可沾上油味。我们把这一浓度称作鱼、贝体产生臭味的"临界浓度"。当水中油浓度比"临界浓度"高10倍时，鱼、贝类2-3小时就很快发臭了。至此，我们可以弄明白，大连湾牡蛎的柴油味是附近工厂和船只排出的污油污染了湾里的海水和海底泥，进而危及牡蛎和其他海洋生物的结果。

牡蛎和其他海产品有油臭味人们很容易发觉和识别，大不了忍痛割爱，扔掉就是了。可是如果这些美味的"海鲜"被细菌和病毒侵入或附着，那问题就严重得多了，因为它们不会向人类发出油臭味那样的暗示和警告。1988年元旦前，在我国最大的城市上海爆发的那场轰动国内外的甲型肝炎事件就是因为毛蚶被病毒严重污染引起的。它严重毁坏了"海鲜"的声誉，以致很长一段时间，江南许多地方的居民只要一提起"海鲜"就头疼，真有"谈虎色变"的气氛。

根据我国卫生部防疫司宣布：截至当年3月18日，上海全市累计有近30万人患上甲型肝炎，死亡31人。经流行病学调查，临床诊断和实验室研究多方证实，这起甲肝爆发与生食江苏启东产的毛蚶有关。毛蚶是一种生活在海底的贝类，是我国沿海人民喜欢食用的海鲜品之一。它们在海底以滤食海水中的腐殖质和微生物为生。每只毛蚶一天能够过滤20升海水。如果海水中有甲肝病毒、沙门氏菌、痢疾杆菌、嗜盐菌等致病微生物，就会被毛蚶等贝类滤入并在体内积累。

人们食用这类海鲜品一般不愿煮得太熟，有的时候甚至生食，因为这样海鲜更鲜。然而这样一来，隐藏在毛蚶体内的病毒就逃避了高温的惩罚，甚至因为温度合适反而促使病菌更加大量滋生繁殖。最后这些病毒随海鲜品一起被吃进了人体，严重危害人类的健康。

类似这样的中毒事件，在国内外曾多次发生过。

1959年，山东烟台某厂因食用蛤蚶导致一千多人嗜盐菌中毒，成为新中国成立后我国第一次大规模食用海产品中毒事件。1977年，浙江省宁波市也发生了食用毛蚶引起的肝炎爆发。该市1984年以来又连续发生了10多起因食用海产品中毒的事件，有462人受害。其中因食用海鲜引起的嗜盐菌中毒8起，315人受害。其实在上海，1987年10月31日就已经发生过一起海洋性细菌——副溶血性弧菌食物中毒事件，有762人中毒。据统计，从1987年年底到1988年年初，因生食江苏启东地区的毛蚶共引起上海、江苏、浙江和山东三省一市42.3万人患上甲肝。

国外这方面的例子也不少。早在1942年，日本某地流行过一次食用蛤仔中毒的事件。中毒者一周后出现呕吐、头痛、倦怠、皮下出血和黄疸等症状，严重者脑中毒死亡，在334名中毒者中有114人丧生。

1955年，瑞典爆发了因生食牡蛎而引起的肝炎流行。自那以后的30年间，美、英、意、日和新加坡都相继发生过因生食牡蛎和乌蛤等贝类所引起的甲型肝炎和非甲非乙型肝炎的爆发。有一些国家还发生过食用海鲜引发霍乱病的事件。例如20世纪60年代，菲律宾流行一种埃尔托霍乱菌引起的副霍乱，是因生食褐虾引起的。1973年这种副霍乱又在意大利那不勒斯流行，调查结果是霍乱弧菌污染贻贝所致。

呜呼！"海鲜"何时才能恢复名誉！

爆炸的"比基尼"

"比基尼"，一提起这个名词，人们就会立刻联想起丰姿绰约的女士们身着的"三点式泳装"。

而现在有谁能把这种三点式泳装与曾经震惊世界的一场灾难联系在一起呢？

1954年3月份的一天。太平洋中部的洋面上，风平浪静，阳光绚丽，空旷万里的蓝天飘浮着几朵白云，海鸟不时地扎进水面，叼起一条条肥鱼。在距比基尼岛约100公里的洋面上，日本渔船"福龙丸五号"正在捕捞金枪鱼。被热带海风吹得浑身黑黝黝的船员们赤露着身躯，紧张而又忙碌。他们远离家乡已经好几个月了，个个心里都在祈求上帝保佑，再有几个好"网头"就可以满载返航，与家人团聚了。

突然，比基尼岛方向白光一闪，刺得人几乎睁不开眼，好像太阳掉到了海面。紧接着远处传来了巨大的涌浪，时而将渔船掀上高高的浪尖，时而又把它抛进深深的波谷。一名船员不禁大喊：不好，海底地震！话音未绝，空中就下起了一阵"灰雨"，纷纷撒落在船员们的身上。不久，海面恢复了平静。但是，好几名船员感到头晕目眩，直想呕吐。作业难以再继续下去，船长只好下达返航的指令。

"福龙丸五号"在日本本土一靠岸，患病的船员立即被送进了医院，检查结果令人十分惊讶，原来他们受到了强烈的放射性辐射，剂量达270-440拉德。全船有23名船员出现了辐射症状，其中1名因肝脏严重损伤死亡。不仅如此，就连船体和网具，甚至船舱里的150多吨金枪鱼也都受到了严重的放射性污染，不得不全部处理掉。

从3月至5月中旬的两个半月里，在同一海域捕鱼的其他日本渔船也遭到了同样的厄运，先后有300多艘渔船几百吨的金枪鱼遭辐射污染。从此以后，人们再也不敢到这一海区来捕鱼了。为此，日本的远洋渔业受到了

61

严重打击。

造成如此惨重后果的原因是什么呢？原来是这一天美国在比基尼岛上进行了一次规模巨大的氢弹试验，其威力是投在广岛的那颗原子弹的750倍，相当于1500万吨梯恩梯炸药。

这一事件震惊了日本朝野。同年5月中旬，日本派出"俊鹘丸"号渔船赶往试验场附近海区进行调查。1955年，美国、日本和加拿大三国又连续进行了几次调查，结果表明，北太平洋西部受到了严重的放射性污染。

一时间，"比基尼事件"轰动了世界各国，成为人们茶余饭后的热门话题。无论走到哪里，都在谈论"比基尼"。难怪当年巴黎小姐身穿三点式泳服在衣冠楚楚的先生们中间公开亮相的时候，人们不禁高呼："比基尼！比基尼！"这表明它与"比基尼"事件同样令人惊讶和具有爆炸性。从此，"比基尼"成了"三点式泳服"的代名词了。

提起比基尼岛，如果不是前面发生的事件，也许它将永远"淹没"在太平洋的万顷碧波中而被世人遗忘。因为它离大陆太远，又太小了。在地图上甚至没有它的"立锥之地"。

比基尼岛是像珍珠一样散落在太平洋中部的马绍尔群岛中的一座不起眼的小岛。它由365个珊瑚礁组成，环抱着一个长35千米、宽17千米的湖，陆地面积很小，只有1.23平方千米，岛上居住着近百名密克罗尼西亚土著居民。

1945年8月，美国先后在广岛和长崎投下了两颗原子弹，在这以前，还曾在本国新墨西哥州的沙漠中进行了一次实弹试验。从这三颗原子弹的爆炸中，美国看到了核弹的巨大杀伤力和放射性污染的严重性，因此再也不敢在本土继续进行核试验。他们将目光转向了太平洋上的岛屿。英、法两国也相继效仿。从此，美丽、富饶、恬静的世外桃园变成了杀人武器的试验场。蘑菇云团频频升起，放射性尘埃撒满了大大小小的岛屿和周围海域，给世世代代生息繁衍在这里的密克罗尼西亚人带来了沉重的灾难。

比基尼岛就是被美国选中进行核试验的第一座小岛。1946年，美国在岛上进行了战后第一次原子弹爆炸试验。事先岛上的居民被迫迁居到250千米以外的朗格拉普岛。

1954年3月1日，美国在比基尼岛上进行了第二次核试验。爆炸的是一枚名叫"亡命徒"的氢弹。这是当时美国生产的威力最大的核武器。如果用一列货车装运同样能量的梯恩梯炸药，那么这列货车的长度将横贯整个北美大陆。

随着一声震天撼地的巨响，天空仿佛升起了第二颗太阳。巨大的蘑菇云团带着无数被炸飞的珊瑚礁粉末直冲云霄，笼罩了方圆40千米的范围。放射性沉降物散落的面积达12万平方千米。两座珊瑚礁被炸得无影无踪，就连比基尼环礁中最大的纳姆岛也炸得只剩下一半。"亡命徒"留下了一个1000多米宽的弹坑。岛上的鸟类和树木瞬间化为乌有。不仅如此，整个马绍尔群岛都没有幸免于难。迁居岛上的比基尼人仍然没有逃脱魔爪，岛上气象站的38名工作人员也都受到了大量的辐射，有的甲状腺长出了肿瘤，有的患上了莫名其妙的病。他们在以后大多死于白血病。

到1958年为止，美国一共在比基尼岛上试验了23枚原子弹和氢弹。岛上的一切全都化为灰烬，周围的海水有几十亿升被蒸发掉。大量的放射性污染物混进了土壤和海水中，生活在这一海区的所有海洋生物蒙受了巨大的灾难。金枪鱼、箭鱼、东方旗鱼、鲅鱼和蜞鳅等体内都含有高浓度的放射性物质。

核试验停止后十年过去了。1968年，美国总统宣布比基尼对于人类居住已不再有危险了。人们铲除了比基尼岛上的全部表土，栽下了5万多棵椰树和面包果树。这些树居然成活下来，还结出了丰硕的果实。但是一化验，果实中放射性物质的含量仍然很高。又过了十年。到了1978年，科学工作者发现迁居回岛的居民体内铯137的浓度仍然大大超过安全标准。正是这种铯137大量存在于比基尼岛上的土壤中，严重污染了岛上的水源和各种生物，给比基尼人重返家园设置下了障碍。科学家们认为，要使比基尼岛上铯137的剂量降到安全水平大约需要80-90年，也就是说要到21世纪30年代或40年代，比基尼人的子孙们才能重登他们祖辈的土地。由此可见，放射性污染的后果是多么严重且持久！

除了比基尼岛，太平洋上许多其他小岛也曾经遭受到类似的命运。如位于比基尼西南400公里外的埃尼威托克岛，是世界上第一个氢弹试验场。马绍尔群岛中最大的夸贾林岛，夏威夷群岛西南1200公里处的约翰斯顿岛，以及威克岛都曾先后成为美国的核试验场所。

英、法两国也先后在太平洋中的一些岛礁进行过类似的核试验。如太平洋最大的珊瑚岛圣诞岛20世纪50年代就曾多次遭到英国核弹的轰炸；而波利尼西亚群岛中的土阿莫士群岛则一直是法国的核试验基地。其中穆鲁罗瓦岛仅1983年一年就爆炸了7枚核弹。

帝国主义国家为了扩军备战，争霸全球，竟在别人的土地上干着灭绝人性的勾当。毁人家园，伤天害理。然而，这一勾当居然与时髦的"三点式泳服"联系在一起，岂不是对人类莫大的嘲讽吗？

但愿善良的人们今后再提起"比基尼"，首先联想的应该是太平洋波涛之中那些饱受蹂躏和创伤的小岛，是广岛、长崎。让我们的子孙后代永远摆脱蘑菇云团的阴影。

◎ 文明忧患 ◎

　　20世纪是人类物质文明高度发展的世纪，同时也是产生"文明垃圾"的世纪。

　　城市文明给人们带来了物质享受，同时给人们带来了苦难。如何与大自然和谐相处，改善自然环境，将是新世纪的首要课题。

海洋中多了一个洲

您听说过大西洲吗？也许，就连小学生也会毫不犹豫地站起来反驳道：地理课本上明明写着地球上有七大洲，根本没有什么大西洲。

但是，大西洲确实在希腊伟大的哲学家柏拉图的著作中存在过。柏拉图是这样描述大西洲的：

这块土地上植物繁茂，物产丰富，城墙上镀着铜和锡，庙宇包裹着金和银。大地上灌溉网和运河纵横交错，航运和贸易十分发达。然而它的统治者贪得无厌，还要攫取更多的财富，妄图把所有的国家都征服在他的战袍下。于是，他到处发动战争，每攻克一座城池便狂饮三日，以示庆贺。

一次，当他们正在为攻陷雅典城狂欢滥饮的时候，上帝发怒了。大西洲突然发生了强烈的地震。怒涛席卷，大地颤抖，天塌地崩……大西洲终于完全淹没在海水之中。

柏拉图逝世将近1000年后，也就是从16世纪开始，人们又突然想起了大西洲，越来越多的人在大西洋、在爱琴海，甚至在南极洲附近到处在疯狂地寻找这块沉沦的古陆，企图捷足先登，找到传说中大西洲国库中那堆积如山的珍宝，猎寻大西洲皇室的深宫闹事。

可是，一个世纪接着一个世纪过去了，人们仍一无所获。

突然有一年，一个由意大利和法国的鱼类学家组成的调查小组在亚平宁半岛和西西里岛的墨西拿海峡进行潜水考察时，意外地发现这里堆积着如山的空瓶子、空罐头盒、破碎的杯盘，难道是大西洲遭劫前征服者庆贺胜利时"最后的遗物吗"？

当然，大西洲不过是想象而已：现在已经很清楚，关于大西洲的情节是希腊宗教文化的一部分。

那么，墨西拿的场景究竟是谁的"杰作"呢？

真是无独有偶。前苏联海洋学家在太平洋考察时，在几千米深的大洋底捞了不少空桶、空盒、瓶子、电池等"宝贝"。至于在沿海地带，尤其在海湾里，发现海底杯盘狼藉的情景更是屡见不鲜。例如，渔民们在斯卡格拉克海180-400米水深的海区撒网时，经常可以捞出一些塑料废物；日本渔民在东京湾、大阪湾海底也常常拖到大量的塑料制品、空罐、空瓶、破布、废旧轮胎、碎木片和烂纸；甚至在偏远的日本北方四岛周围海域，他们也捞到过沉没在海底的废旧物品。

这些究竟是谁的遗物呢？

当然，目前海底还没有人类居住，"东海龙宫"和"大西洲"也仅仅是神话而已。至于外星人生活在海底对人类进行研究的猜想也远没有得到证实。那么，只有我们人类才是海底瓶瓶罐罐的真正主人。

一位科学家做过一项统计：世界上每天有1700万旅客在海上航行，每年产生垃圾28000吨。在海上航行的商船有9000艘，每名船员每天产生0.8千克垃圾，一年共11万吨。其中63%是纸张，15%是金属，10%是纺织品，10%是玻璃，1%是塑料和橡胶制品。此外，全世界有300万艘游艇，每年产生垃圾10多万吨；有12万艘渔船，每年产生34万吨垃圾；各国的军舰一年也产生74000吨垃圾。如果把从船上扔进海里的剩饭残羹和因为事故沉没的船体都计算在内，那么全世界由于海上航行每年产生的固体废物总计有600多万吨！

大量废物堆积在海底，使绚丽的海底世界变得狼藉不堪，不仅毁坏了传统的海底渔场，而且严重威胁着渔捞和航行。

因此，当我们乘坐客轮在海上旅行，喝完了啤酒，吃完了罐头，举手把空瓶、空罐扔向大海的一瞬间，是否也应该想到这和把它们扔到大街上有什么区别呢？

全球到处闹水荒

地球缺水吗？水不是到处都有吗！上有天空降雨雪，下有地下涌泉水，海洋浩瀚无边，江河纵横交织，湖泊星罗棋布，还有大片大片的冰川、雪原。水覆盖了地球3/4以上的表面，怎么能缺水呢？

专家们估测，地球上大约有138亿亿立方米水。按全球人口60亿计算，每个人可以分摊到2亿多立方米，这可是个天文数字呀！

但是，这些水中的绝大部分(97%)是又咸又苦的海水，既不能喝，又不能用。人类活动所需要的淡水，只占全球总水量的3%都不到。就是这么一点点淡水，绝大部分还是难以利用的冰川固体水和深层地下水。在现有技术和经济条件下，实际可供我们开发利用的淡水资源——江河、湖泊、浅层地下水等，只占淡水储量的千分之三，也就是大约100万亿立方米。

前面已经说过，水在自然界里是不断循环的。按全球总的降水量计算，平均每人每天可以得到300立方米，而每人每天所消耗的水量却不过几立方米。因此，从理论上讲，地球上的淡水资源是非常丰富的，而且不断可以得到补充和更新，不应该有短缺的问题。

可惜实际情况并非如此。一方面，地球上的淡水资源分布不均，除了欧洲的水资源比较充足外，其他各洲都有程度不同的缺水问题，尤其是非洲撒哈拉以南的一些内陆国家，几乎都是缺水十分严重的国家。另一方面，随着世界人口的增加、工农业生产的发展和人民生活水平的提高，人类活动的用水量急剧增长，加上对水资源的管理不善，浪费很大，这就使全球性的淡水供需矛盾更加突出，更加尖锐。

淡水供应本来已感不足，污染更加火上加油，加剧了这个问题的严重性。人们把成千上万吨的污水废物排进江河湖泊，使许多水源不仅不能饮用，甚至也不能用于工业生产和农业灌溉。现在全世界河流稳定流量的

40%受到了污染，有些已失去使用价值。全球53亿人口中，有34亿人平均每天只能得到50升水。

全球到处都在闹水荒，缺水成了世界性的普遍现象。有80个国家已蒙受严重缺水之害。

非洲埃塞俄比亚等国家由于连年干旱，加上内战不断，过去10年已有100多万人饿死，数百万人营养不良。

中东缺水。以色列的淡水供应可能短缺30%，他们准备建造大型塑料驳船到土耳其去购买数以百万吨计的淡水。干燥、炎热的科威特和沙特阿拉伯遍地是沙漠，水贵如油，已经花费巨额资金把海水淡化作为缓解淡水供应紧张的主要手段。

由于20世纪80年代连续几年少雨，拥有8亿多人口的印度正深受缺水之苦。在这个国家一些严重缺水的大城市里，只有医院和大饭店的用水得到特殊照顾，市民们不得不半夜起来排队取水。

在中亚，前苏联的世界第四大湖——咸海已濒临干涸。在1960年至2007年的近50年里，它的面积已萎缩90%。前苏联过去长期超量用水，如今不得不减少农田灌溉面积。

水荒也困扰着我国。我国是一个缺水的国家，人口占世界的21%，淡水拥有量却只占8%。全国434个城市中有188个水源告急，40多个严重缺水，每天缺水总量达2000万吨，每年影响工业产值200多亿元。全国农村约有4000万人口、3000万头牲畜饮水困难，3.5亿亩农田受到干旱威胁，1.6亿亩成灾。

现在，世界上不仅是干旱地区缺水，随着用水量猛增和水污染带来的水质恶化，连雨量较多的欧洲和美国东部地区也感到缺水了。

在水资源匮乏的地方，国与国之间，地区与地区之间，工业与农业之间，居民与工厂之间，经常会发生用水之争。埃及和埃塞俄比亚，印度和孟加拉国，特别是中东地区的约旦和以色列，土耳其和叙利亚、伊拉克，不是都曾发生过激烈的用水之争吗？

从全球范围来看，目前属于严重缺水的国家和地区有43个，约占地球陆地面积的60%。到21世纪初，用水量差不多翻了一番，结果是，北非、中东的水资源将面临枯竭，南欧、东欧、中亚、南亚的供水量也将接近极限。如果再不采取有效措施，那么用不了很多年，我们这个有

"水球"之称的地球，就有可能整个地进入一个水资源危机的阶段。

　　说到这里我们就明白，在21世纪，水资源危机很可能取代能源危机而成为人类面临的更严峻的问题。石油、煤炭没有了，可以用核能、太阳能来代替；钢铁不够用了，可以用铝、钛甚至塑料来顶上。可是水呢？水却没有替代品，任何别的东西都代替不了水在自然界和在人类社会中的作用。

要珍惜水资源

缺水已经成为自然界对人类越来越大的挑战，人类不能不回应缺水的挑战。

首先应该用好水。

现在人们一方面在叫着缺水，水不够用，另一方面又不珍惜水，用起水来大手大脚，许多水都白白地浪费了。

农业是用水的大头，传统的灌溉方法是漫灌，结果在半路上就渗漏掉了一半，损失率高达70%。现在发展了一些新的灌溉技术，包括喷灌、滴灌、渗灌，等等。喷灌用一个个喷头像小喷泉似的向农田喷洒，水的损失约为30%。滴灌通过许多小滴头让一滴滴水渗进土壤，水的利用率可达90%。渗灌的效率最高，水装在多孔橡皮管中，土壤干燥时自动从橡皮管中吸水，土壤潮湿时橡皮管上的弹性小孔自动关闭。

世界各国的灌溉用水效率只要提高10%，节省下来的水就能满足全球居民的生活用水！

工业节水的潜力也很大。发达国家都很重视水的重复利用率，有的已经高达70%-80%。采用先进的生产工艺生产同样数量的同一种产品，用水量要比传统工艺少很多很多。

采用节水设备，可以使生活用水量大大降低。不久前国外开发出一系列节水型卫生设备，可以使住宅用水量节约1/3左右。

除了减少水的损失浪费，还要避免污染水资源。

人类活动造成污染，加剧了水资源的短缺，它不仅使原来能用的水变得不能使用，而且还对人们的健康和生命构成威胁。所以说，不让有害有毒物质污染水源也是当务之急。

科学家们正在研究净化水源问题，并且研究如何让江河湖泊的水变清，使濒临灭绝的鱼类重新回来。欧洲国家表示要在50年内使西欧的河流净化，然后还要实现净化东欧江河湖泊的计划。

人们已经在这方面做了很多工作。比如，过去电镀用氰化物，氰是一种剧毒物质，现在人们发明了无氰电镀、微氰电镀，电镀废水中的氰污染就消除或减轻了。造纸工业里，用氧蒸煮法代替硫酸盐法，排出的废液只有原来的1/10;如果让造纸废水同化学药品在一个封闭系统中循环使用，还可以建成干脆是不排废水的造纸厂。

当然，生产和生活中的废水总还是有的，所以要修建污水处理厂来处理。处理可分3级：简单的沉淀过滤，把水里的悬浮物质去掉，这是一级处理；利用某些微生物，分解污水里的有机物，使污水得到净化，这是二级处理，三级处理是利用多种物理化学的方法，把污水中的金属离子、盐类分子等也都除去。

人工处理需要工厂，成本高，我们可以充分利用自然的净化能力，走人工处理和天然净化相结合的道路，使污水处理达到规定标准的要求。

废水历来被人们看作包袱和祸害。其实，"废"与"不废"是相对的，废物与资源之间并没有截然可分的界限。比如含油废水里的油，含金属废水里的金属，它们在水里是废物，回收起来却可以重复利用。变废为宝，化害为利，何乐而不为！

即使废水本身，在一定的条件下，也可以转化为可用的资源。比如，生活中洗脸刷牙后生成的污水，稍经处理用来冲刷厕所很合适；一个工厂或工段排出的污水，经过简单处理便能供给下一个对水质要求不那么严格的工厂或工段使用；某些富含营养成分的城市污水，经过处理除掉有毒有害物质就可以用来灌溉农田。

随着社会经济的发展，人们排出的污水越来越多，水污染也越来越严重。如果采取措施把污水变成资源，那就既能消除污染，改善生态环境，又可增加水源，缓解供水短缺。可贵的是这个水源不仅不会枯竭，相反总是稳定增长，难怪有人把它说成是人类的第二水源。

水资源在时间上分布不均，时多时少，少的时候不够用，多的时候用不了。全世界每年大约有2/3的地面雨水以洪水的形式无谓地流入海洋。

修建水库可调蓄水量。水库好比是水的"银行"，水多时蓄水，水少时放水，使供水更加均匀，使可利用的有效水资源增多。

水资源的空间分布更不理想，有的地方水很多，有的地方水稀缺，水多的地方洪涝成灾，水少的地方常年干旱。

解决水资源空间分布不均的办法是调水，修建一系列调水工程，把多水地区用不了的水调到缺水地区去，以丰补歉，以多济少。这实际上就是对被调水区和用水区的水资源进行重新分配，以解决某些国家和地区严重缺水的问题。但是，这也会影响到两个地区未来的发展，同时对生态环境产生重大影响，所以要特别慎重。

既要节流，又要开源。用好、管好水之外，还要设法开辟新水源。

地球上绝大部分的淡水被"封存"在冰川雪原里，过去从来没有开发利用，现在是开发利用的时候了。

用飞机把煤屑、牛马粪、草木灰等洒到冰雪上，可使冰雪加速融化。我们已经用这种办法化开了高山上的冰雪，用来灌溉农田。

南北两极巨大的冰川冰山更引人注目。有些国家已经拟定了入南级运冰的宏伟计划，比如用装有核动力的超级拖轮拖运冰山，用铺设在海底的钢缆来拉运冰山，利用海流的力量来"免费"运冰，等等。一座16公里长、1公里宽、高出海面200米的冰山，即使经过1年的拖运，沿途融化损耗了一半，最后还有大约300多亿吨的淡水可供利用。

不仅地球表面和地下有水，天空中也有水，而且天空中的水是一笔不可忽视的水资源。它们虽然数量不是很多，但是循环很快，平均只需8.7天就能更新一次，一年当中循环42次，相当于有1176万亿吨水，比地球上所有的地表水加在一起还多，所以我们不能小看。

向天空要水，就是采用人工的办法让天空降下更多的雨雪；一个地方空中雨雪的水汽只要增加1-2%，这个地方的降水量就可以增加10-20%。40多年前人们就学会人工降水了，结果告诉我们，用催化法进行人工降水，平均可以增加降水量10-30%。

说到开辟水源，我们不能不想起海洋是地球水的大本营，人们都把解决水危机的希望寄托于海洋，问题是海水又咸又苦，既不能喝，又不能用——用来灌溉农田，农作物会被"咸死"；用来烧锅炉，锅炉内壁会结起厚厚的锅垢。只有把海水中的盐分除掉，让海水变成淡水，才能在生产生活中派上用场。

科学家们已经发明了几种海水淡化法，包括蒸馏法、电渗析法、反渗透法，等等。由于出现了世界性的水资源危机，海水淡化技术发展迅速，尤其在中东，已经形成一个新兴的产业部门。现在的问题是生产成本太高，科威特1吨淡化海水的生产成本相当于人民币6元，那可真是"水贵如油"啊！

展望未来，海水淡化一旦得到大规模应用，我们就可以永远不再为缺水而发愁了。

有人称我们这个时代是"水荒时代"，这不能说没有道理。但是，水其实是不缺的，如果我们把水管好用好，一不滥用浪费，二不污染水质，好好调配使用，再加广开水源，我们这个星球是完全可以避免发生水资源危机的。

"城市病"传到了农村

现代城市总是与高楼大厦联系在一起的。城市既是出产品的基地，又是出人才、出成果的摇篮，也是商品、信息的集散地，所以人们向往城市，羡慕城市。随着工业的发展，城市建设的速度很快，农村人口大量向城市转移、聚集。这是社会进步的表现，也是衡量国家经济发展状况的一个重要标志。

但是，当城市各种基础设施的建设速度赶不上人口集中、发展的速度时，就带来了住房紧张、水源短缺、交通拥挤、通讯不畅、环境污染等后果。就以交通拥挤来说，大城市里人们走路、骑车或乘车，都是你挤我、我挤你。这种拥挤的生活，使人们的心理高度紧张，容易产生疲劳感。据统计，在拥挤状态的城市生活的人，患高血压、心脏病、神经弱的比例，比生活在农村的人高。

马路是现代文明的标志之一，将城市和农村连在一起，同时将"文明"的毛病传到农村。

本来，马路与农产品的污染应该说关系不大。但在农村中，常常可以看到不少农户把稻谷、小麦、花生、豆类、油菜籽等粮油作物产品，摊在马路上翻晒。这种做法不但占用公路，妨碍交通，更严重的是污染了被晒的农作物。主要有以下两个方面的危害。

一是马路本身的污染。由柏油铺成的路面含有有毒物质——煤焦油。煤焦油中含有许多致癌的多环芳烃类化合物，马路曝晒的温度越高，产生的有毒物质就越多。多环芳烃类化合物就会粘附在农产品上，使加工后的粮油食物中含有较多的苯并芘之类的毒物，人畜食用后，可诱发胃癌、肺癌、食道癌等。

二是来自汽车和其他机动车辆排出的废气。这些废气是汽油或柴油燃烧的产物，它同样有致癌的多环芳烃类化合物和其他致癌物质。废气中的有毒物质常常吸附在很小的灰尘颗粒上，粘在被晒的农产品表面。其次，汽油、柴油等燃料油中，常常加入四乙基铅作为抗爆剂，因此废气中就有铅化物。农产品晒在马路上，就不可避免地受到铅的污染，最终通过食物链，使人受到铅中毒的危害。

农产品污染关系到国计民生。我们不仅应该在生产过程中避免农产品受到污染，而且还要注意防范农产品在收获、加工、运输、贮藏过程中的二次污染。

"柏油路上的战争"

汽车作为现代化的交通工具，已有一百多年历史。它为城市带来了繁荣，为人们带来了极大的方便，但也给人类造成灾难。在一百多年中，全世界有2300万人死于汽车交通事故，比第一次世界大战死亡人数（1600万人）还要多。

20世纪初，全世界仅有5000辆汽车，现在已超过6亿辆。在我国一些大中城市，由于车多、人稠、路窄，每逢上下班高峰时，便会出现交通拥挤的状况，不仅造成经济损失，而且由于紧张、噪音，使居民精神上产生负担，交通事故也就接连不断。

1987年，我国因交通事故死亡的达53439人，交通事故总量仅次于美国，居世界第二位；一年中平均每万辆机动车死亡35人，居世界第三位。据瑞士一家保险公司的调查，世界上每年死于汽车交通事故的有30万人。有人把这叫做"柏油路上的战争"。

汽车多了，排出的尾气也就多。尾气含有一氧化碳、碳氢化合物、氮氧化物、硫氧化物、铅化合物等。据调查统计，汽车发动机每燃烧1千克汽油，要消耗15千克新鲜空气，同时排出150-200克的一氧化碳、4-8克的碳氧化合物、4-20克的氧化氮以及少量的四乙基铅。对大气环境造成污染的，主要是一氧化碳、碳氢化合物和氮氧化物这三种气体。

当每立方米的空气中一氧化碳含量达到4克时，能在30分钟内使人死亡。汽车尾气中的四乙基铅的毒性要比无机铅大100倍，它可通过呼吸道、消化道及皮肤进入人体，从而引起急性或慢性中毒。从全球角度看，汽车是最严重的铅污染源。

世界各国都在研究治理汽车尾气的污染问题，也创制了催化净化器，使一氧化碳、碳氢化合物、氮氧化物通过净化器的催化剂床，转化为无害的二氧化碳、氮和水，但还没有完全解决汽车尾气的污染问题。

无缝不钻的电磁波

磁铁能将铁钉吸引过来；钟、表放在磁铁旁边会影响走时精确。这是由于磁铁有磁场的缘故。

地球是一个被磁场包围的星球，磁场对生物有很大影响。有人认为，地球上很多生物的灭绝，就是地球磁场发生过巨大变化的后果。自人类产生以来，世世代代在地球上生息繁衍，已经习惯了这种天然磁场的作用。

人类进入现代化生活以来，又人为地创造了许多比天然磁场强得多的人造磁场，如广播、电视、通讯，及医学、工业、国防、家用电器中的各种电磁场。它们已成为生产和生活不可缺少的部分，也是现代化的重要标志之一。然而，电磁波的广泛应用，也带来严重的环境污染，成为当今世界主要公害之一。

电磁波包括无线电波、微波、红外线、可见光、紫外线、X射线、Y射线，有时专指用天线发射或者接收的无线电波，而红外线、紫外线等统称为光波。电磁波虽然看不见，摸不着，也听不到，但有被吸收、被反射的特性。现在，人们对电磁辐射污染有两种说法：一是当人受到电磁辐射作用时，一部分能量被反射掉，而另一部分被吸收产生大量的热，使生物组织的温度增加，从而造成伤害作用和生物影响，这称作热效应。能量吸收越多，热效应就越大。二是电磁辐射破坏了大气中阴离子和阳离子的平衡状态，产生大量阳离子把阴离子"吃"掉了，从而造成污染，引起疾病。

人为造成的电磁辐射污染，主要有广播、电视发射塔、卫星地面站、雷达站、高压线、输电网等。目前，在城市里，电视发射天线、调频广播是主要的污染辐射源。

电磁辐射对人体的危害主要有：危害中枢神经系统，出现头痛头晕、记忆力减退、失眠多梦、多汗心悸、情绪不稳等症状；影响心血管系统和血液系统等。

　　电磁辐射还会扰乱工农业生产、国防建设以及居民正常生活。在飞机飞行时，如果通讯和导航系统受到干扰，就有可能造成飞行事故；轮船、舰艇上的通讯导航或遇险呼救频率受到干扰，就会影响航海安全。电磁辐射还会干扰收音机、电视机的功能，影响居民生活。

　　环境电磁辐射通常是低强度的长期慢性作用。对电磁辐射污染的防范，要采取工程技术、建设设计及城市规划等方面的综合性措施。

城市的"热岛现象"

在城市里，由于人口稠密、工商业高度集中造成温度高于周围地区的现象，叫做"热岛现象"，也称热岛效应。这已构成对现代城市生活的威胁。

城市人口集中，每时每刻都在消耗大量的能源。能源在消耗过程中会散发出热量，加上污染物多，城市建筑物、柏油或水泥马路受日光照射等原因，使得城市市区温度一般要比郊区高0.5-2℃，湿度低2-8%。据世界上20多个城市的调查统计，城市的年平均温度要比郊区高0.3-1.8℃。

由于市区气温高，热而轻的空气夹带着大量烟尘缓慢上升；郊区冷而重的空气由低空流向市区，久久不能消散。上升的热空气在高空变冷变重，逐渐向四周下滑，到底层后又流向市区上空，从而形成城市市区上空脏气团的循环。

这些脏气团主要来源于工业废气、各种燃烧设备排出的烟气、汽车尾气等。热岛效应限制了大气的自净能力，从而造成城市大气污染日益严重，使夏季的城市市区闷热逼人，影响了人们的工作效率，也影响健康。

由于热岛现象与大气污染有关，所以必须强化城市的环境监督管理。一方面抓紧治理老污染源，另一方面严格控制新污染源的产生。当然，控制城市人口、拓宽城市马路以及增加城市公共绿地面积等都是一些有效的措施。

"现代危害"——恶臭

现代高科技的利用和发展，为人类造就了一个光怪陆离、丰富多彩的世界。人们过上了电气化、自动化的现代生活，享用着我们祖先未曾享用过的丰富物产，达到了高质量的消费水平。然而，由于排放设施的不完善和不科学，大量的废气、废物在大气和空间中积累起来，形成各种恶臭，直接或间接地损害着人们的健康。

恶臭，是物质中硫化物等"发臭团"发出的难闻气味。目前，恶臭物质有4000多种，其中对身体危害较大的有硫醇类、氨、硫化氢、甲基硫、三甲胺、甲醛、酪酸、酚等几十种。

气味浓的物质不一定比气味弱的物质更有毒性，如氯气的毒性比氨气强，而气味比氨气弱；一氧化碳没有气味，却是一种有毒气体。有许多恶臭是数种气体混合而成的。

恶臭的主要危害，首先是对呼吸系统的影响。当人们闻到恶臭时，就会反射性地抑制吸气，使呼吸次数减少，深度变浅，甚至完全停止呼吸。其次是对循环系统的影响。随着呼吸的变化，会出现脉搏和血压的变化。三是对消化系统的影响。恶臭会使人厌食、恶心，甚至呕吐。四是对内分泌系统的影响。经常受恶臭刺激，会使内分泌系统紊乱，降低代谢活动。五是影响神经系统。长期接触恶臭，"久闻而不知其臭"，引起嗅觉疲劳、失灵。六是对精神的影响。恶臭使人烦躁、精神不集中，记忆力衰退。

恶臭有强弱之分。日本将恶臭强度划分为0—5级。各种恶臭物质的臭味强度超过2.5—3.5级时，表明大气已受到恶臭污染，需要采取防治措施。

防治恶臭，主要是减少恶臭的散发源。对已散发出的恶臭，可以采取气体洗涤法、臭氧氧化法、直接燃烧法、接触氧化法等措施加以治理。

食品污染是健康大敌

食品是构成人类生命和健康的三大要素之一。食品一旦受污染，就要危害人类的健康。食品污染是指人们吃的各种食品，如粮食、水果、蔬菜、鱼、肉、蛋等，在生产、运输、包装、贮存、销售、烹调过程中，混进了有害有毒物质或者病菌。

食品污染可分为生物性污染和化学性污染两大类。

生物性污染是指有害的病毒、细菌、真菌以及寄生虫污染食品。属于微生物的细菌、真菌是人的肉眼看不见的。鸡蛋变臭，蔬菜烂掉，主要是细菌、真菌在起作用。

细菌有许多种类，有些细菌如变形杆菌、黄色杆菌、肠杆菌可以直接污染动物性食品，也能通过工具、容器、洗涤水等途径污染动物性食品，使食品腐败变质。

真菌的种类很多，有5万多种。最早为人类服务的霉菌，就是真菌的一种。现在，人们吃的腐乳、酱制品都离不开霉菌。但其中百余种菌株会产生毒素，毒性最强的是黄曲霉毒素。食品被这种毒素污染以后，会引起动物原发性肝癌。

据调查，食物中黄曲霉素较高的地区，肝癌发病率比其他地区高几十倍。英国科学家认为，乳腺癌可能与黄曲霉毒素有关。

我国华东、中南地区气候温湿，黄曲霉毒素的污染比较普遍，主要污染在花生、玉米上，其次是大米等食品。污染食品的寄生虫主要有蛔虫、绦虫、旋毛虫等，这些寄生虫一般都是通过病人、病畜的粪便污染水源、土壤，然后再使鱼类、水果、蔬菜受到污染，人吃了以后，会引起寄生虫病。

化学性污染是由有害有毒的化学物质污染食品引起的。各种农药是造成食品化学性污染的一大来源，还有含铅、镉、铬、汞、硝基化合物等有害物质的工业废水、废气及废渣；食用色素、防腐剂、发色剂、甜味剂、固化剂、抗氧化剂等食品添加剂；还有食品包装用的塑料、纸张、金属容器等。

如用废报纸、旧杂志包装食品，这些纸张中含有的多氯联苯就会通过食物进入人体，从而引起病症。多氯联苯是200多种氯代芳香烃的总称，当今世界生产和使用这种东西的数量相当大。

有资料证明，在河水、海水、水生物、土壤、大气、野生动植物以及人乳、脂肪，甚至南极的企鹅、北冰洋的鲸体内，都发现了多氯联苯的踪迹。食品在加工过程中，加入一些食用色素可保持鲜艳色泽。但是有些人工合成色素具有毒性。

防止食品污染，不仅要注意饮食卫生，还要从生产、运输、加工、贮藏、销售等各个环节着手。只有这样，才能从根本上解决问题。

"不毛之地" 在扩展

　　世界著名巴比伦文明的发祥地——美索不达米亚平原和中华民族的摇篮——黄河流域，都是因为森林植被受到人为的破坏，造成严重的水土流失、土地沙漠化，最终导致河道淤塞、河水泛滥，甚至成为不毛之地的。土地是人类生存的基地，土地沙漠化，是当今世界严重的环境问题。

　　土地沙漠化之所以迅速发展，主要原因是人类对植被的破坏。人类对森林资源的乱砍滥伐，对草原的过度放牧，打乱了水分的循环，气候出现干旱，土地出现松散的流沙沉积。

　　土地沙漠化是人类文明的大敌。当年，沙漠埋葬了富饶的美索不达米亚平原，截断了著名的丝绸之路，掩埋了埃及96%以上的国土。现在，全世界有1/3的土地面临着沙漠化的危险。每年有6万平方公里的土地沙漠化，威胁着60多个国家，受沙漠化影响的人口，占全世界人口的16%以上。因此，治理沙漠被列为世界十大难题之一。

　　我国在防治沙漠化方面很有成绩。中国科学院兰州沙漠研究所的科研成果，使我国约10%的沙漠化土地得到初步控制，12%的沙漠化土地有所改善。这个治沙经验，已引起世界瞩目。但是，沙漠化仍然是一个突出的环境问题。我国的新疆、青海、甘肃、宁夏、内蒙古、陕西、山西、吉林、黑龙江、辽宁等12个省区的几十万平方千米的土地受到沙漠化威胁，如不加速治理，沙化的土地将达二三十万平方千米。

　　土地沙漠化，是农业生态系统的一大威胁，给农牧业带来严重损失。据我国内蒙古乌蒙后山地区7个县的统计，因沙漠化危害而改种毁种的面积达50-70万亩，使粮食库存严重下降。

　　土地沙漠化是干旱半干旱地区的世界性问题，它向人们敲响警钟：必须合理开发利用自然资源，注意保护生态环境。防止沙漠化，就要采取法律、经济、行政等手段，防止滥垦、滥牧和滥采的现象发生。

森林是大自然的保护神。它的一个重要功能是涵养水源、保持水土。

在下雨时节，森林可以通过林冠和地面的残枝落叶等物截住雨滴，减轻雨滴对地面的冲击，增加雨水渗入土地的速度和土壤涵养水分的能力，减少雨水对土地的冲刷。如果土壤没有了森林的保护，便失去了涵养水分的能力，大雨一来，浊流滚滚，人们花几千年时间开垦一层薄薄的土壤，被雨水冲刷殆尽。这些泥沙流入江河，进而淤塞水库，使其失去蓄水能力。森林涵养水源，降雨量的70%要渗流到地下，如果没有森林，就会出现有雨洪水泛滥，无雨干旱成灾的状况。

1975年，河南驻马店地区曾连降三天暴雨，降水量达800-1000毫米，位于该地区的板桥水库和石漫滩水库大坝崩塌，造成巨大损失。但同一地区的薄山和东风两座水库却安然度险。究其原因，就是由于板桥和石漫滩水库上游森林稀少，暴雨骤降，山洪暴发，大量洪水陡然入库，宣泄不及而冲毁堤坝；而薄山和东风水库上游森林覆盖率高达90%，虽然降水量超过了库容，但因森林截留，滞缓了洪水入库时间，因而得以保全。因此，植树造林是保护土地，保护大自然的重要办法之一。

噪音污染是隐形"杀手"

在飞机场的附近，母鸡不会下蛋；乐队演奏的乐曲极度刺耳，可以使观众突然昏倒。这些都是噪音造成的。从生物学的观点看，凡是人们不需要的、令人烦躁的声音，统称为噪声；从物理学的观点看，噪声是指声强和频率杂乱无章、没有规律的声音。

环境噪声主要来源于交通运输、工业生产、建筑施工及社会生活。在城市里，交通噪声对居民影响最大。

噪声是一种严重污染，属于感觉公害。它与工业"三废"一样，都影响、危害人体健康。噪声的影响和危害主要有：一是影响听力。听力损伤的程度与在噪声环境中暴露的时间有关，在85分贝以上的噪声环境中，噪声性耳聋发病率可达50%。二是影响学习、工作，干扰睡眠。医生为病人听诊时，在50分贝的噪声环境中，听诊的准确率仅80%。如噪声达到100-120分贝时，几乎每个人都会从睡眠状态中醒过来。三是影响心血管功能和内分泌系统。这主要表现在心动过速，心律不齐，血管痉挛，血压升高，孕妇流产率高，女性月经失调等。四是危害中枢神经系统。在强噪声环境下，会出现头痛、耳鸣、多梦、失眠、记忆减退、全身无力等症状。五是影响儿童的智力发育。有人作过调查，在噪声环境下，儿童的智力发育比在安静环境中低20%。

噪声的影响及危害十分复杂。这与噪声的性质有关，也与人的生理、心理等因素有关。在日常生活中，当某些人在欣赏悦耳动听的乐曲，感到是一种精神享受时，另外一些人却可能认为是不愉快的声音。如你正聚精会神地做作业时，附近的吵闹声就会影响你的正常思维。

世界上有一半人生活在噪声环境中。在世界环境案件中，噪声占第一位。素称日本噪声之王的东京，1984年，警视厅就收到了6万起有关噪声的报案。我国有40%的城市居民生活在超过噪声标准的环境中。有人认为，噪声已间接或直接地起到了犯罪作用。所以，噪声污染被称为"大都市罪犯"。

◎ 环保立法 ◎

　　1992年，联合国在巴西里约热内卢召开了有183个国家、102位国家元首与政府首脑参加的"人类环境与发展"会议。大会竖起的"地球誓言"签字墙刻下了中、英、西班牙、阿拉伯、俄、葡、法7种文字：

　　"我保证竭尽全力为今世后代把地球建成一个安全而舒适的家园。"

人与生态环境的关系

我国古代对环境的好坏极为重视，就拿中国的气功来讲，气功修炼十分重视天时、地利、人和。练功时间可在清晨，这时空气清爽，也可在夜深人静的时候，选择依山傍水，没有喧闹声，只有鸟儿鸣唱的地方练功。否则练功无成，还可能走火入魔。由此可见，环境与人的关系早已被人们所认识。

"天昏昏兮人郁郁"，这是我国古代流传至今的佳句。它真实地描写了大自然与人的关系，光线与人的精神状态的关系，即在昏暗污浊的环境中人的心情郁郁不振。

古人对自然界和环境的最深刻最完善的认识，恐怕要数五行学说。五行学说认为世界万物都由金、木、水、火、土五大要素组成，这五大要素相生、相克、相互运转，相互排斥，使世界万物保持和谐状态。土是万物之母，生命之源，它可以生树、生草、生庄稼。而草木又可供动物食用。土还可以在火的作用下生金，即通过冶炼得到各种金属。火实质是空气，它不但可以炼金，还能烧毁由土生出的万物。当木遇火时便立即燃烧起来，如果这时再与水相遇，火即熄灭。假如所有树木都被燃烧完，自然界就会失去绿色，水和土也因失去绿色世界而流失，动物和人会因失去绿色世界而死亡，地球将变得荒凉。由此可见自然界配合得是多么默契。

人类的出现是地球发展到一定阶段的产物。根据我们现在的了解，人类的历史最多不过几百万年的时间。如果我们把具有46亿年历史的地球，比作一个46岁的中年人，那么，人类的年龄与地球的年龄相比，只不过还是一个出世才几天的襁褓中的娃娃。尽管如此，人类的活动却使地球的面貌发生了巨大的变化，随着科学技术的迅速发展，人类改造地球的能力也愈来愈大。正如恩格斯曾经指出的："一切动物的一切有计划的行动，都不能在自然界上打下它们的意志的印记。这一点只有人类才能做到。"

事实正是这样，是人类驯服了野生的动物使其成为我们的家畜；也是人类改造了野生的禾谷使其为我们提供粮食；还是人类开辟了荒野，使其成为肥沃的农田和繁荣的城市……

然而，所有这些还只是人类改造自然为自己服务的最初的尝试。随着人类的发展，生产技术的提高，一些规模巨大的改造自然和创造自然的创举更是接踵而来。人工修建的水库碧波万顷，使荒漠变为绿田；采矿业的发展，使沉睡千年的矿石得见天日；这些移山填海的伟大工程正迅速改变着地球的面貌……

正是人类的这些活动，不断地把地球的自然环境改造得更加适合我们人类的生活。但是，正是恩格斯所指出的：

"我们不要过分陶醉于我们对自然界的胜利。对于每一次这样的胜利，自然界都报复了我们。"

由于人类对自然发展规律还没有透彻的了解，因此在我们改造自然的过程中，往往只顾及了眼前的利益，而忽略了可能带来的意想不到的长远影响。正是这些被人们所忽略的长期影响的累积，从根本上危及到地球的现有状态，危及到适宜于我们人类居住的生态环境。

环保是我国"基本国策"

人人都知道计划生育是我国的基本国策，因为要使我国经济能持续发展，有计划地把我国建成社会主义的文明强国，就必须同时有计划地控制人口增长。还有一个基本国策，就是保护环境，它表明在我国能否认真地执行保护环境的政策，已是牵动国计民生，影响到立国安邦的大事。这两个基本国策是有内在联系的。

把环境保护定为基本国策是我国社会主义国家性质决定的。我们发展生产力的目的归根结底是为了满足人们日益增长的物质和文化需要，是为了保护和改善人民的生活环境和自然生态环境，保护人体健康的。在目前的科学技术条件下，发展生产和排放污染物常常是同时并生的。

因此，发展经济的同时必须把保护大自然的生态平衡，防治污染与公害，作为四化建设的一个有机组成部分来对待。

当代环境问题是工农业大生产的产物，它并不是与社会制度直接有关系，但是正因为我们发展生产、保护环境都是为人民，就应该更自觉地处理生产与环境保护的关系。如果只躺在社会主义为人民的口号上，不在实际工作中采取措施，认为环境问题就自然可以解决，那就也同样会重蹈发达国家走过的老路——生产发展、公害泛滥、生态失调。

我国的环境除了世界上共有的一些问题以外，还有很多发展中国家所特有的环境问题。一方面长期受外国的殖民掠夺，以牺牲环境作代价，积累了许多污染问题亟待治理；另一方面我们对环境问题的危害性认识比较晚，多年的工作中有些失误，如过去片面强调"以粮为纲"，盲目毁林开荒，围湖造田，滥垦草原，加速了水土流失和土地沙漠化。

笼统地强调发展重工业"变消费城市为生产城市"，追求出产品却忽视能源的节省和提高利用率，以致大量资源在生产过程中作为废弃物排到环境中去。

讲人多热气高、贡献大，没注意到人口相联系的一系列因素，新中国成立初期放松了人口控制，结果人口的膨胀和资源、粮食，人口与居住条件、教育规模产生了一系列矛盾。这一切使得我们这个经济上的发展中国家，在环境污染方面却已经达到相当严重的程度。

作为公民，充分了解我们的国情，不是消极、悲观、束手无策，而是在自己的行动中以基本国策为尺子，认认真真地执行保护环境的各项具体方针政策，让我国的环境污染得到更好地控制，生活环境、生态环境不断改善。随着保护环境不断深入人心，在21世纪，我们的国家一定能够以经济发达、环境优美的状态立于世界之林。

人类最早的环境立法

在国外，人们对于人类活动所带来的自然环境变化，也早有觉察。

1901年，考古学家们在埃及古城苏萨遗址考察，发现了一个高约2.5米，直径约1.5米的玄武岩质椭圆形石碑。它的上面有汉谟拉比从太阳神手中接受权标的浮雕像，下面刻满了楔形文字。经过详细的研究，人们弄清了这个石碑上铭刻的是古巴比伦王国（约公元前19世纪末至公元前16世纪末）的第六代王国汉谟拉比所制定的法典。

巴比伦是世界上四大古老文明中心之一。原是位于幼发拉底河中游东岸的一个城市。由于它地处幼发拉底河和底格里斯河流域的中心，扼西亚商路之要冲，因此具有极为有利的战略和经济地位。公元前19世纪初，阿摩利人以巴比伦城为都城，建立了古巴比伦王国。此后，他们不断向外扩张，至汉谟拉比国王时，在两河流域中下游地区形成了一个强大的奴隶制中央集权的王国。因此，汉谟拉比法典的发现，自然引起了人们的极大兴趣。

经过仔细的研究，这部法典分有序言、正文和结语等三部分，正文共有282条。内容包括诉讼手续、盗窃处理、军人份地、租佃、雇佣、商业高利贷和债权债务、财产继承、奴隶的处罚等方面，旨在维护私有制和奴隶主阶级的利益，是研究古巴比伦社会历史的珍贵资料。在这众多的法典条文中，人们还发现有一条规定：制鞋匠不准住在城里，只许在城外营业的法令。这是为什么呢？

原来，尽管那时的生产力非常低下，但人们已经感觉到了环境污染的威胁。在建筑物毗连的城市里，制鞋、制革等一些手工业所产生的下脚废料，必然要影响到它们的近邻，由于害怕这些工业垃圾和污水传播病菌，发生瘟疫，一些贵族老爷便立下了这条保护城市卫生的法令。

青少年自然科普丛书
qingshaoniaozirankepucongshu

不仅仅是古巴比伦有这样的法令，人们还发现，在另外一些古老的法规中也有类似的规定。如在古罗马，据说也曾经规定有几种罗马工匠只能住在城外。

汉谟拉比法典中的规定，大概是人类最早的关于环境问题的立法。它充分反映了早在几千年前，人们就已经感觉到了环境破坏的威胁。

国际环境法

20世纪，大气、废水的跨国污染，引起越来越多的国际纠纷。被上游国家污染的河水，直接影响到下游国家的应用，流经欧洲几个国家的莱茵河，因德国化工废水而污染荷兰的饮水源；西欧、英国等国家为减轻国内的大气污染，曾把烟囱越升越高，利用高空排放把污染物送到远方，结果处在下风向处的斯堪的纳维亚地区各国下了酸雨；一些国家利用先进的海上交通工具，把大量废弃物抛入大海，污染了公海……尤其，近几十年来大气中二氧化碳浓度剧增导致了全球气候变暖；世界各地出现酸雨；南、北极臭氧层变薄出现空洞等，这些全球性环境问题，使得国际社会舆论强烈呼吁用法制规范人类行为，以切实保护全球环境，国际环境法也就应运而生了。

国际环境法不是某一个具体的法律，它包括近几十年来各种国际组织、国际会议制定的有关保护环境的公约、条约、决议、规则，等等。随着环境问题的发展和各国对环境问题空前的重视，国际环境法的发展也十分引人注目。尽管，20世纪50年代国际环境法还几乎是一片空白，而今有关的海洋、大气、河流以及森林、生物保护等国际性公约、条约已用"百"来计了。反映了人类对环境的忧患和保护、改善地球环境的强烈愿望。

国际环境法就其涉及内容来说，已经由早期的河流法扩展到各种水体（海洋、河流、湖泊、地下水等），如《防止海上油污国际公约》；大气保护，如《远距离越境空气污染公约》；保护地球外层空间的《关于各国探索和利用包括月球和其他天体在内外层空间活动原则的条约》；各种物种及生物资源保护，如《公海渔业及生物资源贸易公约》、《国际植物保护公约》、《面临灭绝危险的野生植物国际贸易公约》；保护特殊生态系统的公约，如《关于具有国际意义的湿地、特别是作为水禽栖所的湿地公约》等。尤其是1972年的《人类环境宣言》、1992年的《里约环境与发展宣言》几乎概括了当代所有的环境问题，并对各国之间合作原则等也作了规范，这两个宣言是内容覆盖面最全、权威性最大的国际环境行动准则。

国际环境法就其地域性来分，可以有全球性的；有区域性的，如《保护南极海豹公约》、《北极熊保护协定》、《保护莱茵河防止氯化物污染公约》等；有双边性的，如美国和加拿大签定的关于国界《五大湖水质协定》等。

随着污染超越国界和国际环境法的发展，原来国际法中通行的原则有了新的理解和内容。如国家领土主权原则，各国有在它领土内充分活动的权利，仅这样就等于给发达国家在国内生产，向外排污，污染他国的"自由"了。如此，核大国就可以任意在境内试验、向河流下游国排污了。这种国家主权原则在一些环境纠纷案件中受到质疑。

20世纪30年代，国际上十分关注的美国和加拿大的"崔尔冶炼厂案件"，正是加拿大边境内冶炼厂排出的含大量二氧化硫的烟气，损害了美国的农牧业。在国际仲裁时，如果只用国家主权原则，加拿大没过错，因为污染行为在他自己国内，但国际法中还有"一国不能允许个人利用其领土来损害他国"而判罚了加拿大。

这个案例为以后国际大气污染防治公约所借鉴。《人类环境宣言》中对国家主权就加上了"各国境内或管辖、控制区内的活动，不损害他国或地区环境"的新内容。

还有，国际环境法中也都规定了各国要对其严重污染他国和全球行为负责的原则。这个原则也很重要。因为全球气候变暖、大气出现臭氧空洞、酸雨等，其中很大原因是发达国家许多工业排放污染物造成的。

因此，它们理所当然应该为改善全球环境投更多的资金和人力，因为，他们的发达是牺牲了人类环境质量取得的。另外，传统的公海自由原则，曾为一些国家把公海当垃圾箱、核试验场提供了方便。为了防止海洋进一步污染，《联合国海洋公约》中，给"自由"加上了保护海洋环境的限制。如捕鱼自由就必须受公海生物资源的养护和管理规定的限制，这就是现在一些国家渔船由"自由"捕变为偷捕的原因。

了解国际环境法的发展及主要原则，不仅可以更好地履行国际义务，也为了能有效地保护我国的环境，行使我们的权利。像不允许外商把污染严重的工厂、产品引进我国，这不是不执行改革开放政策，而是依照我国有关法律办事，同时在国际保护法中也有依据，理直气壮。还有在国际环境案件中，如何依法索赔，保护我国权利不受损害等。

人类环境宣言

1972年6月，世界各国政府的代表齐聚斯德哥尔摩，第一次共同讨论了当代环境问题、探讨了保护全球环境的战略，6月16日全体会议通过了《联合国人类环境会议宣言》，简称《人类环境宣言》，在人类保护环境的历史上树立了一座里程碑。

《人类环境宣言》第一次把当代环境问题和全人类的命运联系在一起，呼吁各国政府、人民为维护、改善人类生存环境，造福今天和后代共同努力。

大会根据对各国及全球环境状况的实际考察分析，在《宣言》中提出和归纳了关于人类环境的7个共同观点，26项共同原则，作为世界各国政府、人民的共识和行动指南。

《宣言》总结了7个共同观点是：1. 人是环境的产物，也是环境的塑造者。自然和人为的环境对于人的福利和基本人权，都是必不可少的。2. 保护和改善人类环境，事关各国人民福利和经济发展，是人心所向，是各国政府应尽的责任。3. 人类的科学技术已有改变环境的一定能力，运用得当是人类之福；运用不当，贻害无穷。4. 发展迟缓是发展中国家许多环境问题的原因；工业技术发展又是引起发达国家各种新环境问题的因素。5. 人口的增长，导致一些环境问题，必须设法解决。6. 历史要求人们要认识到保护环境与维护和平，致力经济与社会的发展目标是一致的。7. 共同创造未来的世界环境，是每个人、各种组织的责任。对地域及全球环境问题，在共有利益提前下广泛合作、采取行动。

在共同点基础上又规范的26条原则，就内容来说，主要包括了：人类环境权，人人都有在良好环境里享受自由、平等和适当生活条件的基本权利；保护地球上的自然资源，包括水、空气、土地、动植物和矿产资源；一切国家的环境政策都应该增进发展中国家现在和将来发展的能力；经济建设必须与保护环境协调发展；人口是重要问题，各地区应根据人口疏密对经济发展及环境的影响，制定适当政策加以调整；各国广泛开展环境方面的研究与交流；国家不论大小，都应本着平等精神，通过各种合作对环境问题加以有效的控制，等等。

《宣言》从人类生存的共同基础——地球出发，把人类保护环境的愿望和行动统一、规范起来，把人类"只有一个地球"，作为唤起人类共同保护全球环境的警言。有人说，斯德哥尔摩会议的最大功绩是：唤起世人的环境觉醒。从20世纪70年代初至今，世界的变化证明了"觉醒"正变为社会发展的强大动力。

《宣言》所总结的观点和原则，是人类行动的指南，它不仅功在当代，也德于后人，被誉为人类的福音书。

联合国环境与发展大会

从《人类环境宣言》到1992年6月，整整是20年。这期间尽管人们的环境意识大大增加了，但是全球环境恶化的趋势、经济发展的问题仍十分突出。环境和发展，关系着人类的生存与繁衍、前途与命运，受到了国际社会的普遍关注，现代文明创造了巨大财富，也破坏着地球生态系统，威胁着人类的生存与发展。

环境问题不是孤立的，它总是与社会、经济发展相伴随的。不同的社会、经济状况，环境问题的特点也不一样。发展中国家的水土流失、土地荒漠化、灾害肆虐、工业污染严重，主要由于发展不足造成的，人口暴增、食物不足、技术落后，过度开发和廉价出卖已渐枯竭的矿产资源，又进一步加深了贫困，陷于人口、环境、资源与发展之间恶性循环之中；发达国家的环境问题的情况就不同了，发达国家在工业革命后200年的工业化过程中，通过大量消耗资源、大量向自然环境中排放污染物的生产方式和高度消费的生活方式，使仅占世界人口20%的工业化国家，消耗着全球70%以上的能源和资源，从而导致资源紧缺、气候变暖、臭氧层损耗等全球性生态危机。因此，如何解决全球环境问题，建立公正合理的国际政治、经济新秩序，如何才有利于加强国际间合作、促进世界环境与发展问题得到妥善解决，就成了1992年联合国在巴西里约热内卢召开的环境与发展大会的中心议题。

里约会议是继1972年瑞典斯德哥尔摩的人类环境会议之后，规模最大、级别最高的一次国际会议，参加会议代表1.5万人、183个国家、102位国家元首与政府首脑，被称为"全球高峰会议"。联合国秘书长在大会开幕词中说，今天是个历史性的日子，它象征着联合国组织一个新时代的到来。在他的任期内，将把环境与发展作为主要任务。

整个会议进程中，官方、民间团体开展了广泛的商讨、交流活动，加深了了解和友谊。最后通过了5个保护世界环境的重要文件：《里约环境与发展宣言》、《气候变化框架公约》、《生物多样性公约》、《关于森林问题的原则声明》、《21世纪议程》。

《里约环境与环境发展宣言》包括一个简短的前言、指导各国行动的权利与义务原则27条。《气候变化框架公约》概述了"气候变化是人类共同关心和忧虑的问题，决心为当代和后代保护气候系统。"规定了公约内容的定义、目标、原则、承诺等26条。《生物多样性公约》也包括序言及目标、原则等42条，还有涉及仲裁等问题的附则两个。《关于森林问题的原则声明》是"关于所有类型森林的管理、保存和可持续开发的无法律约束力的全球协商一致意见权威性原则声明"。包括原则、要点等15条。《21世纪议程》，它是一个广泛的行动计划，呼吁"全球携手，求得持续发展"。

如果说1972年的人类环境会议是人类保护环境历史上的第一个当之无愧的里程碑，那么这次大会，正像大会主席、巴西总统所说的，必将载入人类发展史册。大会竖起的"地球誓言"签字墙上的文字：

"我保证竭尽全力为今世后代把地球建成一个安全而舒适的家园。"

这上面绝不仅是中、英、西班牙、阿拉伯、俄、葡、法7种文字，而是写下了全球人类的共同心声。

我国的环境保护法

20世纪以来，尤其到了50年代前后，西方国家"公害"蔓延，环境污染直接地威胁了生活和生产的正常进行，舆论纷纷要求政府运用法律手段来制约污染，一些发达国家在70年代左右陆续推出了环境保护的基本法和一些水、大气等保护的具体法规、条令。

我国在悠久的历史长河中，远在公元前，先秦的一些记载中就有一些关于保护环境与生态的条文，如"弃灰于道断其手，殷之法"，"春二月，毋敢伐材木山林及壅堤水……"，《唐律》中有"诸失火，及非时烧田野者，笞五十"等。

新中国成立后，也曾颁布过不少关于绿化、保护森林、矿藏、野生植物等有关条例，范围很广、数量不少，但多较为分散，并且涉及防治工业污染与公害的内容不多。

随着大规模建设的发展与城市化加快，在工业集中的城区，"三废"（当时指废水、废气、废渣）污染日益突出，一些新的石油化工污染更是明显。周恩来总理在20世纪70年代初最早指出："原子弹并不可怕，实际上真正危害人民健康的是长期的慢性危害。"

1973年我国召开了全国第一次环境保护会议，并拟定了《关于保护和改善环境的若干规定（试行草案）》，1974年成立了国务院环保领导小组及办公室，之后不断推出各种有关环保方面的法令。

1979年9月13日我国五届人大常委会十一次会议正式通过《中华人民共和国环境保护法（试行）》，这个法是有关环境保护的基本法，是制定其他环保法令的依据。它的通过标志我国环保立法进入正轨，为加速我国环境立法奠定了基础。之后，经过10年的努力，我国先后颁布了海洋环保法、水污染防治法、大气污染防治法、征收排污费暂行办法等20多项法令、法规，基本上形成了符合国情，有我国特色的环境保护法制体系。

经过10年实践、总结经验教训、修改制定，1989年12月26日全国人大常委会七届十一次会议通过了正式《中华人民共和国环境保护法》，这部法是我国更有效地贯彻环境保护这一基本国策的有力保证。

我国的环保法共有六章四十七条。分别是总则、环境监督管理、保护和改善环境、防治环境污染和其他公害、附则。如果按内容分，大体包括有以下几方面：1. 环境保护法的基本原则，如经济和环境协调发展；预防为主、防治结合、综合治理的原则；全面规划、合理布局原则；政府对环境质量负责原则；依靠群众保护环境原则。2. 关于环境监督管理的体制、机构及有关的规划和制度。3. 有关保护和改善环境与自然资源问题，如农业、海洋、城乡环境等。4. 关于防治环境污染和公害的一些法制制度，如污染事故报告、防止污染转移等。5. 关于环境保护及违法事件的法律责任问题，如什么情况承担行政责任、民事责任、刑事责任等。

我国环保法规定了要保护并且要改善生活环境和生态环境；规定了发展经济一定要与保护环境协调，不能只顾眼前经济利益，用破坏和牺牲环境作代价去发展生产，也就是法律不准用破坏资源、大自然的自然平衡，或只顾生产不管污染的办法搞经济。还有建设新工厂、矿山或开发资源时都应依法先作环境影响评价，操作时应把环境治理内容与设计、施工、生产同时进行（也叫"三同时"制度）。如有排污，要依法缴费。

任何人违反环境保护法都必须依法承担相应的法律责任。每个人不仅要学法、知法、守法，还要用法，宣传法，成为一名保护环境的卫士。

必须学会约束自己

早在300多年前，哲人弗兰西斯·培根就提出了一条著名的生态原则："除非我们服从大自然的命令，否则就不能命令大自然。"

人类对大自然开发利用了千万年以后，发现自己已处在一个被塑造得几乎一切都是为了满足自身需要的欲望的世界中。人到这时才醒悟到自己无视自然和荒唐任性带来的种种后果。这类荒唐任性包括了随意增加人口、浪费自然资源、破坏生态平衡、严重污染环境等，结果是给人类自己的生存和发展蒙上了阴影，甚至被推到了危机的边缘。

整个问题的核心是人类漫无节制的繁殖，人口日益严重的爆炸性增长。

在人类诞生以来的几百万年间，只是在最近短短的几百、几十年中人口的增长才成了大问题。

全球总人口在旧石器时代无论如何也不会超过1000万，赶不上今天我们一个上海市的人口多。新石器时代出现了原始的农业和畜牧业，世界人口才开始缓慢而稳步地上升；青铜器时代初期是2500万，铁器时代是7000万，公元初年有了1.7亿，直到1600年世界人口才有5亿人，不及今天中国人口的一半。

18世纪发生的产业革命促进了生产力的发展，人们生活水平提高，医药卫生事业进步，死亡率大幅度下降，世界人口出现了爆炸性增长。

1987年7月11日，全球人口达到50亿。1992年2月15日，联合国人口基金会宣布，世界人口已经超过54亿，平均每分钟出生185人，1年增加9700万人。预计到2025年为85亿，2050年为100亿。

人口的过度增长已带来许多问题。

首先是大大增加了食物、淡水、能源、矿产等的需要，导致人类对自然资源无节制的开发，造成生态平衡的失调。其次是为了生存和发展，开发和生产越来越多的工业产品，同时排放越来越多的有毒有害的废物，造成日益严重的环境污染。

毁林开荒，过度放牧，植被破坏，水土流失，风沙侵蚀，野生动物灭绝，淡水、能源、矿产等自然资源枯竭。大自然已被搞得天翻地覆，土地被开挖得皮开肉绽，地球被毁损得满目疮痍。

世界上的人口不能永远增长下去，正像地球上的任何一种生物不能无限增长一样。迟早，人类要使人口的增长率变成零，即始终维持在原来的水平上，一点儿也不能增长。

那么，地球究竟可以养活多少人呢？也就是说，地球的环境和自然资源对人的"负载能力"究竟有多大呢？

乐观的人认为，地球上还有大量的资源尚未被开发，可以养活比现在多得多的人口。再说，人的智慧无穷，科学技术能够报告奇迹：粮食不够吃，可以应用最新科技成果使它成倍增长；能源不够用，可以开发利用取之不尽的新能源；淡水要枯竭，可以把浩瀚大海里的海水变成淡水……因此，他们的结论是地球可以养活500亿人口。

悲观者的看法相反，他们认为现在世界上的人口已经过剩，人口如果进一步增长，后果将不堪设想。理由是，人口继续增长会使地球生态急剧恶化，自然资源加速枯竭。

中间派的估计是，地球人口的最大容量在100亿左右。1972年联合国环境会议公布的报告支持了这个估计。报告认为，通过精心管理，要使全世界的人吃得比较好，生活得比较舒适，地球上的人口就应该稳定在110亿左右。

可是，前面已经说过，即使考虑了今后人口增长率下降的趋势，到2050年，世界人口就将达到100亿，也就是接近人口增长的极限了。

再往后又怎么办呢？能使人口不增长吗？

谁也没把握，但是我们知道出路只有一条，那就是人类必须学会控制自己，从现在起就逐步抑制人口增长，并在有限的几十年时代内逐步过渡到零增长。不然的话，地球上就会有更多的人失去自由的选择，长期生活

环保立法

在接近饥饿的状态，过着越来越贫困的生活。反正在一个有限的星球上绝不可能生存无限多的人口，如果你反对降低出生率，那就意味着你赞成提高死亡率。

解决人口问题只是防止环境破坏的一个主要途径，但不是全部。人类不仅要在人口增长上控制自己，还应该在资源消费上自我克制。

人类似乎有一个与生俱来的天性，那就是他自从成为人以来，就全力以赴、不顾一切地开发、利用乃至改变自然，以满足自己眼前利益和短浅目标的需要。科学技术越发达，他们对自然资源的消耗和对生态环境的破坏越严重。这种情况到今天也没有完全改变。

如果说，发展中国家对环境破坏应负的责任，主要是无节制的人口增长（世界每年增长的人口中有95%是在发展中国家），消耗了人类生存所需要的大量基础资源。那么，发达国家由于消耗了多得多的自然资源，排放了多得多的污染物质，应该对环境破坏负更主要的责任。

发达国家的人口占世界人口的23%，但他们消费了世界能源消费量的75%，木材产量的85%，钢铁产量的72%。

典型的事实是：欧洲国家每人平均的能源消耗量是非洲的10倍，北美人能源消耗量是非洲的20倍。美国人口占世界人口的5%都不到，可消耗的燃料却占世界矿物燃料消耗量的1/4。

无论是破坏臭氧层的氯氟烃，还是制造温室效应的二氧化碳，它们的主要生产者和排放者都是发达国家。比如，美国二氧化碳的排放量每年高达14亿吨，几乎等于所有发展中国家二氧化碳排放量的总和。

因此，为了改善地球的生态环境，发达国家应该从根本上改变它们的城市结构、运输系统和生活方式，从目前那种为了自身的经济增长，依靠大规模生产、大规模消费和大规模丢弃物品的工业化文明，改变到有益环境保护的文明轨道上来。

如果我们（首先是发达国家的人们）不能在资源消费上自我克制，比如哪怕就像现在的美国人那样消费石油，那么只需要5年，地球上蕴藏的全部石油资源就将被全部采光用光！无论怎样计算，地球上也养不活高消费的100亿人口！而且，这样的疯狂消费也必然会把我们的地球拖入万劫不复的环境灾难之中！

说到这里我们就明白，为了人类的生存和发展，我们应该学会控制自己，解决好人口与环境、资源与环境、发展与环境三大问题，增加与地球共存的意识，努力克服国家利己主义，密切合作，共同行动，一方面要控制人口增长，提高人口素质，另一方面要改进和改变现有的生产、生活方式，更有效、合理地开发和利用地球的自然资源。

"保卫地球"运动

1992年11月16日，1575名世界著名的科学家，其中包括99位诺贝尔获奖者，在美国华盛顿联名发表了一份长达千页的《世界科学家对人类的警告》的文件。文件一开头就说："人类和自然界正走上一条相互抵触的道路。"文件把臭氧层变薄、大气污染、水资源浪费、海洋毒化、耕地破坏、滥伐森林、动植物物种减少以及人口增长列为人类面临的最严重的危险。

这些著名科学家说："地球是有限的，不加限制的人口增长所构成的压力和对自然界的要求，可以压倒为实现持续发展所做出的任何努力。"他们要求在以下几个方面同时采取行动：对破坏环境的活动，如何用石油和煤、滥伐森林以及不良的农业耕作等加以限制；更有效地利用能源、淡水和其他资源；稳定人口；减少和最终消灭贫困；争取妇女平等，其中包括保证她们的堕胎权；减少暴力和战争的威胁。

科学家们最后说，扭转人类遭受巨大不幸和地球发生突变的趋势，只剩下不过几十年的时间了。这不是危言耸听，剩下的时间确实已经不多，我们必须加紧行动。

环境保护运动是20世纪60年代在工业化国家的大烟囱下诞生的。1962年，美国女海洋生物学家卡逊一本名为《寂静的春天》的书，点燃了世界环境保护运动的星星之火。

星星之火，可以燎原。《寂静的春天》很快被译成多种文字出版，在群众中产生了广泛的影响，加上公害事件的频繁发生，促使人们觉醒起来，掀起了反污染反公害的"环保运动"。

1970年4月22日，在一些社会名流和环境保护工作者的发起组织下，美国1万所中小学和2000所高等学校，以及全国各大团体共2000多万人，举行了声势浩大的集会、游行等各种宣传活动，要求政府采取措施保护环境。这是人类有史以来第一次规模宏大的环境保护运动，它的影响很快扩大到全球，4月22日于是成了全球性的"地球日"。

在"地球日"活动的影响和推动下，1972年6月5日，113个国家的代表参加了在瑞典斯德哥尔摩召开的第一次人类环境会议。会议提出了一个响彻世界的口号："只有一个地球。"会议还发表了著名的《人类环境宣言》。为了纪念世界环境史上这个光辉的日子，联合国大会作出决议，把6月5日定为"世界环境日"。

现在，全世界每年有上亿人参加"地球日"活动，呼吁保护环境，拯救地球，并用各种行动来歌颂和爱护大自然；每年有2/3的国家纪念"世界环境日"，围绕一个主题，举行各种活动，有力地推动世界环保事业的发展。

人类生活在同一个星球上，要解决全球性的环境问题，仅仅仰仗少数国家的努力还不够，必须依靠国际间的广泛合作和共同行动。1972年的第一次人类环境会议只是个起点，以后这样的国际性政府或学术环境保护会议会越来越多，1992年6月在巴西里约热内卢举行的联合国环境与发展会议，把这种国际性的环境保护协商行动推上了新高峰。

会议上制定的国际公约具有法律约束力，这就为国际社会解决重大的全球性环境问题迈出了重要的一步。

环境保护已逐渐成为一项优先任务，世界各国都为此做了大量的工作。他们建立和加强环境管理机构，健全环境法制，增加环境投资，完善环境政策，开展环境科研。

不少国家推出了治理污染、保护环境的重大计划。日本在1989年制定了"防止地球变暖行动计划"，最近又提出了"绿色行动计划"。环境本来已经相当干净的加拿大，又决定投资30亿美元，着手实施一项为期5年的"清洁环境计划"，进一步治理大气、水体和土壤污染，管理好各种再生资源，不用农药而是用生物技术和机器人来消灭森林病虫害，新建18个国家公园和3个海洋公园来保护野生生物。实施这项计划的目的，是要使加拿大成为"世界环境最清洁优雅的国家"。

许多国家已把环境教育提到议事日程上。60多个国家在学校里增设环境教育课。巴拿马议会批准一项法案，决定将环境保护方面的知识编进全国大中小学教材，还要对全国各级教育工作者进行生态保护的知识培训。

印度全国中小学开设了环境课。日本小学设有"垃圾"课，引导学生参加垃圾回收再利用的活动。美国亚利桑那州的大学新设垃圾专业，一些工业发达国家还有专门研究垃圾的博士、专家哩！

人们特别关心野生生物的命运。保护野生生物最重要的工作是建立自然保护区。好好地保护这些可能要永远离开我们的最后的"伙伴"。到1987年，全世界已建立了3514个自然保护区，保护着成千上万种生物。我国的自然保护区也已经由20世纪70年代的20多个迅速发展到现在的700多个，以便更好地保护濒危珍稀生物的生存。有些国家建立了野生动物繁育研究中心和动物细胞库，建立了珍稀植物保护繁育基地和资源库。动物园和植物园也被动员起来参加保护和繁殖野生生物的工作。

自从认识到环境污染的危害，并采取相应的联治措施以来，人类在治理污染和保护环境方面已经取得了不小的成绩。雾都伦敦就是一个例子。

从19世纪下半叶起，伦敦就长年沉浸在烟雾之中，每年平均有50天左右的雾日，而且三天两头下雨。有时烟雾特别浓重，致使一切交通和社会生活陷于瘫痪状态，甚至引起许多居民发病和死亡，酿成了多起像1952年发生的那样严重的烟雾事件。

英国人经过多年的努力，采取种种措施，伦敦的环境状况已经大有改观。到1980年，大气中烟尘的浓度已降低到只有20年前的1/8。从1975年起，雾日减到了每年16天，现在更减少到只有几天。由于污染严重而绝迹了多年的100多种小鸟，如今重新飞翔在伦敦的上空。过去种不活的花，现在生长良好。房屋和纪念性建筑物也不再受煤烟的熏蚀了。

◎ 绿色畅想 ◎

　　当人类觉醒"只有一个地球"时，波澜壮阔的"绿色革命"便在大洋两岸兴起。无论是加拿大青年的"绿色和平组织"；还是美国的"绿十字"产品，席卷全球的"绿色运动"掀起了世界性的环保浪潮。

　　科学家们在努力，爱我地球、爱我家园的地球人在奋斗，聪明的人类畅想着恢复一个绿色的地球……

"绿色"席卷全球

1971年，加拿大温哥华的一小批环境保护主义者和和平活动分子，全都是青年，提出了反对污染地球环境的方针，成立了绿色和平组织。当时他们只有12个人，如今在他们的成员和支持者的名单上至少已有250万人之众，并在20个国家设有32个主要办事处，成为世界上最大和最有影响的民间环境保护组织。

这个组织成立后干的第一件事，就是派出两艘取名为"绿色和平"号的旧船，到阿留申群岛的安奇特卡岛去抗议美国在那里进行地下核试验。接着，他们又到法国在太平洋的核试验基地穆鲁罗瓦岛进行了一次同样内容的远征。

1975年，绿色和平组织开始开展反对捕鲸活动，第二年又反对屠杀纽芬兰的海豹。

他们的行动取得了相当有影响的成功。比如由于他们开展了反捕鲸运动，每年捕鲸的数量已由1975年的25000头下降到1000头；由于他们反对猎杀海豹，欧洲许多国家已经决定禁止进口用海豹皮制作的产品。当他们冒着生命危险在大风中攀登悬崖，挂起"让我们救救白鲸"的巨幅标语的时候，或者抱住毫无防御能力的幼海豹，不让猎手把铁钎扎进它们脑袋的时候，这些青年的果敢行动不仅很容易让人理解，而且令人钦佩、感动。

绿色和平组织如今已步入中年，不再是一个自行其是的组织，而是一个为保护环境而斗争的监督机构。他们的活动范围也日益扩大，从反对破坏海洋动物资源、倾倒有毒垃圾、污染大气生成酸雨，到反对开采近海石油、制造核武器、建设核电站。有时他们采取简单、对抗、冒险、过激的做法可能留下一些消极的后果，但是他们同其他绝大多数的绿色组织一样，都以拯救地球为己任，一直在奔走呼号，提醒人们注意环境污染的严重性，并以自己的实际行动为保护环境不受污染而进行不懈的努力。

随着环保意识的增强，人们的思维方式、价值观念，以至消费心理、消费行为也发生了变化。调查的结果告诉我们，一半以上的德国人、荷兰人、英国人到超级市场购物时会根据对环境保护是否有利来选购商品。

消费者有环保要求，零售商也利用环保因素来推销商品。国外已经出现了不少专供无污染商品的商店，尽管价格比较高一些，可仍然是顾客盈门。

一来是迫于政府和绿色组织的压力，二来也由于市场的需要，近年来一些工业发达国家的企业开始兴起一股环保热，强调环境保护，生产绿色产品。

绿色产品当然不是指什么"绿颜色的产品"。在这里，绿色是"无污染"、"无公害"、"环境保护"的代名词，是"生命"、"健康"、"活力"的象征。

在1990年4月美国纪念"地球日"20周年举办的环保高技术展览会上，有一家"环保餐馆"特别引人注目。它所提供的食品以及这些食品的制备和冷藏方法，都是符合环保要求的。

比方说，蔬菜是不施化肥、农药的"生态蔬菜"，提供鸡肉的鸡是用不含抗菌素、生长激素和其他添加剂的饲料喂养长成的；制做汉堡包、热狗所用的牛肉取自不施化肥的牧场；烘烤食品用的烤箱是一种节能产品，木炭用量省，废气排放少。

专家们说，人类面临的最大问题不是战争，而是食品，因为环境污染已经成为人类最大的生存危机之一，而环境污染必然会造成食品污染，从而报应到人类自己身上。所以他们认为，"绿色食品"一定会越来越走俏，成为20世纪90年代食品的主流。

绿色产品当然不光是绿色食品，现在形形色色的绿色产品越来越多。

从百分之百的纸制厨房用品，到完全用回收纸做的文具用品；从用后弃置一边，不久就会自行腐烂分解而无害地回归大自然的塑料袋，到不含有毒有害物质，不会对生态环境带来任何损害的洗衣粉；从以太阳能、风能等干净的自然能源作动力的"生态玩具"，到用天然织物制做的、表面没有或极少残留化学物质的"生态时装"；从不用含氯氟烃物质做致冷剂的电冰箱和冷藏柜，到节省燃料、少排废气，而且很容易拆卸、回收、再利用的绿色汽车。

甚至还出现了据说能够"祛病延年"的"生态住宅"。这种住宅不用钢筋混凝土、塑料、石棉和其他化学制品，而完全选用无毒无害的木材、石料、毛竹、泥土等天然材料建造。住宅利用太阳能供电供热，到处是玻璃和绿色植物，空气清新，室内宽敞明亮，非常安静舒适。

由于人们越来越注意提高生活质量，而生活质量又直接受环境好坏的影响，所以"绿色产品"在许多国家里应运而生并大行其道。

为了鼓励、保护和监督、保证绿色产品的消费和生产，不少国家实行了绿色标志制度。绿色标志是一种标签，贴上这种标签的产品，表明它是符合环保要求和对生态环境无害的。当然不是随便什么产品都能获得这种标签，绿色标志需经专门委员会的专家鉴定以后由政府有关部门授予。

绿色标志的评价标准包括很多方面，如含毒量小、排放污染物少、噪音低、废弃物少、资源循环利用率高，等等。各国对绿色标志的命名也不一样，如德国叫"蓝色天使"，美国叫"绿十字"，日本叫"生态标志"，加拿大叫"环境的选择"，法国叫"法国标准环境"等。

不管是对成年人，还是对少年儿童，绿色市场都在迅速扩大。美国仅1990年一年就有600种新的绿色产品问世。在这些绿色产品中，有许多是专为少年儿童生产的。如有一种动物饼干，完全用生物技术种植的粮食面粉生产的，包装用的是能自行分解的纸饭盒，里面还有一袋大豆汁。饼干上有11种世界上最珍贵稀有而又濒临灭绝危险的动物图案，包括大熊猫、古巴鳄、格林纳达鸽，等等。

购买贴有"绿十字"标签的商品已经成为美国西部超级市场里的新时尚，一场"绿十字"浪潮正自西向东席卷整个美国。专家们说，这支"绿十字军"的崛起将会带动美国消费者环保意识的增强，从而带来美国消费市场的一场"环境革命"。

德国人环境意识之强烈是世界闻名的，在他们现有70多大类的商品中，已有3500种取得了"蓝色天使"标志，它们遍及民用消费的各个领域。他们不仅努力用绿色来装扮自己的城市，而且带头在世界上兴起"生态住宅"热。据估计，在1989年联邦德国所有的新建住宅中，"生态住宅"约占5%-10%，而且正在直线上升。

　　我国虽然环保工作起步较晚，但在农业和食品加工业中也已掀起了一场静悄悄的绿色革命。农业部于1990年首先命名和批量推出了中国自己的"绿色食品"，也就是不含有害物质或有害物质残留量在安全标准以内的无污染、无公害食品。到1992年2月，已有270项128种食品被授予绿色食品标志。

　　与环境保护有关的技术叫"绿色技术"，要生产"绿色产品"就要有"绿色技术"。现在"绿色技术"备受青睐。全世界有几十万人组成的环保科技队伍，每年的科技成果有数万种。大家天天都在谈高科技，现在高科技也在"绿化"，而且这个问题特别引起人的关注和兴趣。

"未来主人"该做些什么

　　每年的世界环境日都要有一个主题，1990年世界环境日的主题是"儿童与环境"，口号是"这个地球不仅属于我们，还属于我们的子孙，而且最终属于他们"。

　　现在世界上绝大多数的儿童就生活在环境问题最为严重的地区，全球17亿小于15岁的儿童有14亿在发展中国家，他们生活贫困，衣食住行、医疗保健、住房和教育条件都很差。据统计，由不安全的饮用水所引起的腹泻和其他疾病，每年就要夺去发展中国家几百万儿童的生命。在发达国家里，杀害儿童的主要凶手是大气污染和危险化学品。很多方面都比成人要脆弱的儿童，是环境恶化的首要受害者。

　　青少年朋友们，面对一连串令人头痛的全球生态危机——气候变暖、臭氧层空洞、酸雨、有害有毒废弃物、野生生物灭绝，面对严重的环境污染，包括大气、水体、土壤污染，给我们人类特别是儿童带来的灾难，你在想些什么呢？你是否在想，这是成人们的事儿，与我们无关，再说，我们又能干些什么呢？

　　这可不对。保护环境，不仅人人有责，而且每个人都有很多事情可做——

　　严格遵守所在学习或工作地点的规章制度，特别要遵守与禁止乱扔各种废弃物有关的规定，把废弃物扔到规定的地点或容器中；在学习和工作中，尽量节省办公或文具用品，杜绝浪费；如果有减少产生废弃物的好建议，尽快向老师或领导提出；掌握好化学品和危险品的使用方法及注意事项，千万不要马虎大意，随便搬弄；如果被邀请参加某项防污染的计划或活动，你最好积极参加。

　　可能有人会说，这些事情都太小了，无足轻重，做了又能解决什么问题？

其实大家动手，一起努力，这些微不足道的小事也会对改善被污染的环境起一定的作用。

环境专家们说，地球的前途正处在转折点，今后的几十年很可能是关键时期。只要从节约资源和减少污染入手，适当调整一下自己的生活方式，我们就能为保护地球作出一份贡献。

避免使用一次性的饮料杯、饭盒、塑料袋、尿布等，用陶瓷杯、纸盒、布袋等来代替，这样可以大大减少垃圾生成量，减轻垃圾处理工作的困难；回收1吨废纸等于救了17棵树。用废纸再造纸，每吨再生纸可节能4200千瓦小时，节水近30立方米；从杀虫剂到喷雾剂，从清洗剂到涂料，从洗衣粉到油漆，从指甲油到化妆品，当心不要把有毒有害的化学品带回家；不要随意捕杀野生动物，特别是有益的虫、鱼、鸟、兽，比如青蛙，一只青蛙1年之中大约就能吃掉15000多只昆虫——主要是害虫；爱护树木花草，它们是我们净化空气的朋友。通过我们的双手，用绿色装扮城市，做到林木葱茏，绿草如茵。通过我们的双手，建立"绿色家庭"，做到有更多的绿色植物与我们作伴。

在美国，有越来越多的青少年关心"地球健康"，积极参加各种环境日活动。

1970年4月22日发端于美国的第一次"地球日"活动，美国1万所中小学的学生是主要参加者。1990年4月22日"地球日"20周年之际，他们的参与意识更强烈，态度更积极，热情也更高。

在华盛顿，各种活动日程排得满满的：星期一为"能源效率日"，星期二为"再循环日"，星期三为"节水日"，星期四为"替代运输日"，星期五为"有毒物质信息日"，星期六组织清扫罗克·克里克公园义务劳动。马里兰州组织志愿者清扫公路和植树。弗吉尼亚州举办地球日音乐节。加利福尼亚州的小学生向田间释放瓢虫，以代替在菜园中施用农药。巴尔的摩的3000名儿童，全都穿上用再生布料做成的衣服参加游行。

在世界各地，许多青少年都坚持不懈地劝说父母放弃使用一次性尿布、一次性刮胡刀、一次性打火机。他们唱着《少用、再用、回收》的主题歌，挨家挨户进行调查，看看产生多少垃圾，消耗多少能源，使用多少水。在学校里，他们劝老师用瓷杯代替塑料纸杯，拒绝使用一次性饭盒。

环境保护

甚至他们的弟弟妹妹也加入了他们的行列，劝人们用蜡笔代替用化学墨水的毡头笔。

17岁的鲁宾是美国缅因州伊丽沙白角中学的学生，1990年1月，他在一部电视纪录片中看到海豚在金枪鱼网中被宰杀的情景，感到非常痛心和不解："海豚是非常可爱和很聪明的动物，人怎么能那样残忍地杀害它们？！"

鲁宾给美国一家世界上最大的生产金枪鱼罐头的公司的头头们写信，要求他们不要从那些捕杀海豚的渔民手里购买金枪鱼，但是没有回音。他没有气馁，而是联络了另外75名同学，连续不断给那家公司的3个头头寄明信片，使他们每天都能收到一张这样的明信片。每一张明信片只简单地写了一行字："你的公司在干这种事情，你们夜里怎么能睡得着觉？！"

1990年4月，在第20个"地球日"到来之前10天，这家公司终于宣布，他们将不购买、加工和销售在宰杀海豚的同时捕获的金枪鱼。这些可爱的决心以自己的实际行动来拯救地球的青少年们胜利了。

这一年的秋天，美国的少年儿童还向麦克唐纳公司设在伊利诺伊州奥克布鲁克的总部寄了3000封信，要求这家公司停止用塑料纸装食品。1年之后，这家公司宣布，改变用塑料纸装食品的做法，并且同意要执行一项减少废物的计划。

采用同样的包括写信、游说、请愿、抵制等方法，美国的青少年还迫使汉堡王快餐店不再进口从热带森林收购来的牛肉。

少年儿童是人类的未来，他们也最爱思考未来。因此，他们比成年人更关心地球的未来，对保护人类生存环境具有更强烈的使命感和责任感。

"人类必须首先保护地球，然后才能保护自己。"

少年儿童能够为保护地球的健康作出更多的贡献！

摩天大厦里的"悬浮树"

世界上的大城市成千上万，各具风格。但是所有的大城市，尤其是现代化大城市，有个明显的共同点，那就是高楼大厦鳞次栉比。美国芝加哥城的西尔斯大厦和纽约的世界贸易中心大厦，都有110层400多米高，堪称世界摩天大厦中的佼佼者。

高楼广厦已成为现代文明的象征。然而，随着摩天大楼越长越高，人们越来越感到某种不平衡。城里人被淹没在灰色的楼海之中，阳光已不为他们所享受，他们日夜面对着冰冷冷的水泥墙壁，整日来往于阴森森的巷道之中，绿地被侵蚀无遗，花草树木无生存之地。此时，人们比任何时候都更加向往阳光普照的、处处充满生机的大自然。城市需要更多的阳光，城市需要更多的绿色。绿色植物能平衡氧气和二氧化碳的比例，是城市之肺。树木能降低风速，减少沙尘，树木下面的含尘量比露天广场低42.2%；树木能分泌杀菌物质，1亩松柏可分泌2千克杀菌素，可杀死肺结核、伤寒、白喉、痢疾等病菌。在树木稀少的闹市区，每立方米含菌数为400万个，林荫道为58万个，公园为1万个，而在林区中只有55个。绿色环境富含促进人体新陈代谢、提高免疫能力的负离子。林区的负离子每立方米可达1800个，而闹市区仅有50个。

为了使大城市拥有清新的绿色环境，美国"大地设计公司"协助日本"富士田公司"在东京实施"城市绿洲"试验工程。这是应用高科技和生物技术营造自然环境的工程。

要使高楼大厦林立的楼群中出现绿色的植物，第一要有阳光，第二要有土壤。"城市绿洲工程"开始致力于让没有阳光的地方得到阳光；让没有土壤的地方，树木也能扎根。

工程之一是借来阳光。在高楼楼顶架几个六面反光镜，外加玻璃罩，把阳光反射到楼底。反光镜均由电脑控制，能自动调节反光镜的位置和方向，自动调控反光量，把阳光反射到各个阴暗的角落，为花木生长创造条件。楼下有了阳光，就能种植各种花草树木，使高楼群之间呈现大自然的美。

工程之二是栽种"悬浮树"。摩天大楼底部地面几乎全部为大理石覆盖。大理石地面虽然光洁耀眼、纤尘难染，显得无比豪华、无比富丽，但也意味着人与大自然隔绝，与植物永久分离。人类环境不能没有植物，有地要绿化，无地也要栽树，栽"悬浮树"就是方法之一。悬浮树不是没有根，而是让根穿过大理石，其根系悬浮于地下室里特制的养鱼缸上方，缸中鱼的排泄物和蒸发的水分供根系吸收，供树木生长。当然，树苗是经过专门培育的，树木长到一定高度需进行空中固定。工程设计师独具匠心，巧妙地将鱼和树木组合成一个生态系统，使灰色的高楼群呈现大自然的绿色，使大城市充满生机。

扳倒红墙植绿墙

在城市里几乎随处可见各种各样的砖石围墙，工厂、学校、机关……是个单位都用砖石砌成围墙圈起来，因为许多砖头烧制出来是红色的，砖红色已是大家共知的一种红色。所以我们把这些砖石砌成的围墙叫做红墙。

筑墙者的目的无非是将其作为与相邻单位分开的界限，防止外界干扰，起到心理上的安全防护作用。城市里的土地价值是寸土寸金，那么多砖石围墙占去多少城市的地皮！城市里大量的混凝土砖瓦建筑，已构成大城市的"热岛效应"，所以，扳倒红墙正是城市居民生态环境意识增强的表现。代替红墙的是植造花草树木构成的植物墙——绿墙。

人类自古就以植物为伴，绿色植物的确给人类带来各种好处，所以人类总是以绿色植物来美化环境。用绿色植物构筑围墙代替砖石围墙，可以补充城市地面绿化之不足，它不仅可以完全代替砖石围墙的功能，还能降噪防尘、净化空气、调节湿度、点缀街景、美化市容，一句话，能改善生态环境。

植造植物墙，有各种各样的方法。可以按边种植密集的高大树木，中间杂以灌木类或藤类植物；也可以沿墙种植相互参差的常绿树和落叶树，杂以攀缘类花草；必要时还可以在植物外围拉铁丝做屏障。各单位按照自己的特点植造独具特点的植物墙，别有一番景致。在工厂四周种植耐污染树种和指示树木做围墙，可以清除污染物或指示污染程度。

如今，国内外许多城市都有生机盎然、独具风格的植物墙。

澳大利亚首都堪培拉，规定不设非植物围墙。于是所有机关、使馆以及私人宅邸都以绿墙代替。参天的合欢树、桉树、珊瑚树充当了各种楼房的屏障。使馆区以异国花木为篱，富豪之家以名贵花木为墙，平民百姓以蔷薇为障，真是各得其趣。堪培拉市到处郁郁葱葱，绿地面积达58%。

尼日利亚虽为贫穷之国，可它的主要城市拉各斯市早有规定，任何建筑物或大型设施四周只能用花木营造围墙。这里的市民也认为，砖石围墙是垃圾和污物的掩蔽体，妨碍市容美观。所以拉各斯市内看不到任何用砖石砌筑的围墙，无论是街道两边高耸入云的楼宇，还是普通的居民住宅或工厂、学校，建筑物四周都栽满树木、花卉或用铁丝制成壁网，再以此为依托栽种攀缘植物形成围墙。

我国上海市西郊著名的龙柏饭店和同济大学营造的植物围墙，如今一片葱绿，蔚为壮观，来访者赞不绝口。

近年来，我国广东省的中山市和海南、贵州、湖南等地，正大力推广种植植物来构筑围墙。预计在不久的将来，全世界会有更多更新奇的绿墙展现于各大城市，特别是我们中国这个多墙少林的国家，为改善生态环境，举国上下必将掀起扳倒红墙造绿墙的热潮。

用活树造"绿房子"

当你紧张地学习或工作一段时间后，可能会希望利用周末或节假日郊游一番，到风景优美的公园或旅游胜地去呼吸新鲜空气，领略大自然的风采。

在大自然中，你可以观看到鸟儿站在树枝上高声鸣唱，猴子坐在树杈上尽享野果美餐的生动景象。许许多多动物在树木中建造家园，自由自在地生活，真叫人羡慕。那么，人类为什么要住进高楼大厦呢？

人类是由猿猴进化来的，可想而知，人类的祖先曾经也是林中的主人。也许为进化的原因吧，随着现代文明的发展，人类有意无意地逐渐抛开花草树木那样的原始家园，搬进砖石、水泥堆砌成的大城市，住进高楼大厦，精心地设计自家的小天地，贴上塑料壁纸，铺上大理石地板砖，摆上高档家具，买进新式电器，却不知自己把自己关在了充满各种毒剂的水泥"盒子"里。

那里有电子辐射、有塑料、油漆、油烟等，它们都在时刻危害人们的健康。

如今，人们总算醒悟过来，还是回归大自然好。人们希望能像其他动物那样，和树木常相伴。这不是为了好玩，也不是又回到原始社会，而是在更高水平上的享受。

近年来，园林专家和环保专家密切合作，共同提出了一种美好的设想，主张在未来城市里推行植物生态化住宅。植物生态化住宅是按照生态平衡原理建造的。

例如，德国的汉诺威市，已建成植物生态化住宅区，取名为"莱尔草场"。住宅区共有69套院落式二层楼住宅，楼房骨架为木砖结构，四壁用木料制成，形成自然本色。外面墙面用6厘米长的青草铺植，整个住宅显得郁郁葱葱，一派原野风光。墙面的青草能增加氧气，净化空气，消除噪声。

踏进莱尔草场，简直就是进入植物王国，那里没有柏油马路，没有汽车嘈杂声，一句话，没有环境污染，是一个地地道道的世外桃源。

还有更美好的设想呢。专家们主张干脆用生长着的活树木建造房屋。建筑方法有点像制作花卉盆景那样，采用经过规整的活树木来"顶墙代柱"和"替生墙体"。可采用"弯折法"，朝着树木自然弯曲方向刻出缺口，再经人工培植，使其自然长合，树木就能逐渐长成房屋的轮廓。然后用人工方法整理树枝，将树枝连接起来构筑墙壁。

也可以采用"连接法"，把树木用巧妙的技术连接成各种造型的建筑群，小到拱廊、屏风、曲桥、过道、楼梯，等等；大到居民住宅、办公大楼以及大商场。

经建筑师与环保专家们巧妙设计，经过既是建筑工人又是高级园林专家们的精心培植，使植物生态住宅的环境终年绿叶葱翠、芳草如茵、流水潺潺，空旷幽静。啊！人类终于回归大自然了！

将二氧化碳藏入海底

海洋学家素以海洋作为他们施展才华的用武之地，为征服二氧化碳，他们提出了将二氧化碳藏入海底的主张。

海洋占地球表面积的70%以上，海水很深很深，平均也有3800米深，最深处在万米以上，全球海洋能容纳13.7亿立方千米的海水。大气中的二氧化碳可以溶入海洋，所以说，海水已经为大气分担了二氧化碳的负载量。这一点似乎没什么可称赞的。

然而，科学家们又提出了一个非常新奇的设想。

1989年，日本一艘深海研究船在冲绳岛附近水域大约3000米的深海里首次发现液体的甚至是硬胶体的二氧化碳。当时，科学家们也纳闷儿，这些二氧化碳来自何处？为什么会变成液体或固体？经过科学家的仔细分析，认为这些二氧化碳极有可能来自海底火山喷发。海底地壳比较薄，海底的火山也较多。火山喷发出的气体以水蒸气为主，也有二氧化碳、硫化氢等多种气体。其中的二氧化碳，由于在它上面压着很深的海水，海水的重量对它形成强大的压力，而且深海下面水温低，在高压、低温的条件下，二氧化碳只得受点"委屈"，变为液体，甚至变成固体状的硬胶体。液态或固态二氧化碳的比重大于海水，当然了，它不可能向上层海水移动，更不可能扩散到大气中去了。科学家经过实验证明，二氧化碳在水深170米处就能变成液体，在水深300米处能变成凝胶状态，水深超过2500米时，二氧化碳进一步浓缩成近于固体的硬胶体，稳稳地沉于海底。

根据上述发现，科学家便开始研究向深海排放二氧化碳的具体方案。比如，物理吸附方法吸附下来的二氧化碳，在低温、加压的条件下制成液态二氧化碳，然后将它存放海底这个大仓库中，十分安全可靠。科学家们还打算进一步研究把贮存在海底的二氧化碳开发成新能源。

绿化海洋计划

"把100万吨铁粉撒在南极海洋"，这是美国海洋学家约翰·马丁为遏制温室效应提出的新点子。这里的"铁粉"是广义上的，是指能溶解在水里的含铁的化合物，如硫酸亚铁、三氯化铁等。

地球上海洋的面积很大，约占地球表面积的70%。海洋里有"小水草"，叫做浮游植物，主要是些肉眼很难看得见的绿色藻类。它们具有很强的光合作用能力。既然如此，为什么海洋不能消除温室气体、减缓气候变暖呢？

海洋一直是调节气候的功臣，只可惜海洋的调节能力也有限度，比如南极海洋的藻类就特别少。为此，科学家们进行了大量的研究，发现一种怪现象，在南极海洋，藻类生长所需的主要营养成分的含量很高，而藻类却生长得很少，这叫高营养低叶绿素现象。在北极海洋以及其他许多海洋区都有这种现象。按理说，海洋中营养物质多，绿色藻类就应该生长得多。否则，那一定是某种营养成分缺乏而限制了绿色藻类的生长。于是，有人提出了"铁假说"，即由于海水中含有的铁素不足，限制了藻类的生长。

马丁先生不辞辛苦，远涉重洋到东北太平洋近北极海附近采集20米深的新鲜海水，亲自进行了试验。试验结果表明，凡是没有加铁的海水，藻类生长都比不上加铁元素的海水中的藻类多，而且加得多的，生长的藻类也多。这就证实了铁假说是对的。

既然找出了原因，科学家就提出了解决的办法：给海洋中增加铁，让海洋中的藻类快快生长起来。

马丁先生经过计算，得出了把"100万吨铁粉撒向南极海洋"的结论。马丁先生风趣地说："你给我半条船的铁，我给你一个冰河时代！"

对于马丁先生的设想，专家们建议再进行两年实验室研究，方可进行工程试验。用一艘试验船定期向南极附近的400平方公里海域喷撒可溶性铁。他们认为这种规模的试验不致带来重大的生态影响。

如果试验成功，撒铁粉的工程得以顺利实施，仅此一项就足以控制温室效应。同时，由于绿色藻类增加，鱼、虾类就都大量繁殖，这样，南极再能为我们提供丰富的鱼虾食品，岂不更好吗？

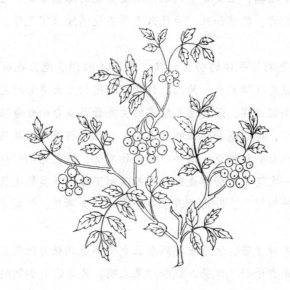

人类重返"伊甸园"

圣经中把人类祖先居住的地方叫伊甸园，那里有树悦人眼目，有果供人吃，有河滋润园田，有走兽飞禽与人为伴，就像一首安居乐业的诗篇。

而今，污染遍及世界各个角落，不仅城市、发达的国家自受其害，就连人口相对分散、工业不大集中的乡村也难于幸免。这除了人类排放到大自然的污染物会随着自然界的水、气循环迁移到各地之外，也还因为化学农药、杀虫剂的使用，城市污水工业废水灌入农田，使得较为稳定的农业生态系统也失去了平衡：或土壤中毒板结，或农业害虫的天敌被杀死，或农作物减产或粮食含有有害的成分失去食用价值，或白色污染成了挥之不去的大忧……惨痛的教训使人们重新思考，单纯用某种办法来获取农业的丰收，常不能持久，因为农业本身看起来仅是种植农作物，而实际上它是整个农业生态系统中的一环，忽略系统只抓一环，必然会出现抓一牵万，整体失去平衡，事后事与愿违。

多年来人们经过探索，认为需要从宏观上考虑，建立起良性循环的农业生态系统才是根本出路。于是营造防护林，调节区域小气候；用综合的方法，包括以虫治虫的生物防治；改变施肥方法，防止化肥污染土地和化肥流失造成水体富营养化；力求科学种田，合理地套种间作或轮流耕作不同品种农作物，使农田得以养息和土肥充分发挥效益等。与此同时，也开始从局部着手，按照实现良性循环的思想从小到大，试验着搞生态农业。北京市大兴县留民营村创办的生态农场也是一种成功的尝试。

生态农业简单地理解，就是设法充分地利用农业系统内部的能量转换和控制物质循环过程，来保持生态环境良好。在农村就是设法把人、家畜的粪便，以及动物、植物的废料充分利用，取之于田、还之于田、造福于人。留民营就是很有机地组织了农、林、牧、副、渔业，取得了废物就地消化变宝，不污染环境还少投资多获益。

他们把农作物的枯叶、秸杆作饲料养牛，出奶、卖牛肉，把牛粪发酵制沼气解决农村能源不足，沼气渣又作为鱼的饲料，鱼池的塘泥又返回大田作肥料，整个过程是为废物不废、互相利用，相当协调，一切都顺乎大自然，没有污染。而且很多废物他们还派作多种用途，比如秸杆、稻麦壳还可以用作蘑菇养殖的培养料，用完后仍可作沼气原料或饲料。他们用沼气作加工豆制品的燃料，豆渣又是各种家畜的饲料，畜粪又制沼气、沼气渣再作肥料或鱼饲料。他们还用杨、槐树叶作牧畜业饲料，畜肥再作沼气原料或肥田。各个环节有机协调又顺其自然，使物质回归本性——天生我材必有用。颇似传说中人类祖先居住的伊甸园，各种物质是因"上帝"叫它完成一定的功能，才把它降临人间的。

我国的试验生态农业方面受到世界的关注，广东珠江三角洲的"桑基鱼塘"生态系统都曾是联合国环境规划署肯定和推广的样板。还有天津蓟县也搞了用养猪的猪粪养蛆（高蛋白生物），用蛆喂鸡营养价值高、长得快，再用鸡粪作猪的部分饲料的较简单的农业生态系统。在河北省石家庄市郊区，还根据水生植物水葫芦能分解水中一些有害污染物质的特性，在污水中养殖水葫芦来净化污水，水葫芦又可作蚯蚓的良料，繁殖的蚯蚓又是貂的好饵料。用"污水——水芦葫——蚯蚓——貂"生态系统，既简便地处理了污水，又实现了生物间的互相利用，整体良性循环。随着农村科学技术的普及，人们自觉地按照生态学原理指导工农业生产的事例将会更多。人类的生产、生活在高水平、科学意义上的重返"伊甸园"将不会是"永恒的神话"。

变废为宝的"绿色工业"

在人类活动中，工业生产对环境的影响最大，工业排放的各种污染物占环境污染物量的最大头。我国也作过调查统计，仅主要的16万多家工业排放的废水、废气、废渣量，就已占全国环境污染物总量的80%以上。所以，把生产排污变成清洁生产是近年人们研究和探索的目标。

生产过程排放出来的各种污染物，其实都是原材料转化来的。衡量生产技术是否先进很重要的指标是原材料利用率。同样生产1吨纸，甲厂用的木材比乙厂少一倍，用的水少几倍，到几十倍，当然这不但是经济上甲厂成本低、效益好，而且必然排放的废物少、环境效益也好。发展中国家的工业环境问题相当一部分是由于原材料利用率低、废弃物多造成的。我国原材料利用率一般仅70%左右、少的30%，很多乡镇企业生产工艺落后，它们的经济效益往往是用污染环境作代价取得的。从长远看，他们的微少的经济效益绝对补偿不了对环境破坏的损失。

国外推行一种清洁工艺（无废工艺）的生产方式，就是在生产产品的过程中，把用的能量、原材料等再重复利用，或把第一种产品废弃的材料作为第二种产品的原料，使各种原料真正合理的物尽其用，也很少向环境排放污染物，取得经济、环境效益都好的结果。也是生态系统平衡思想在工业中的应用。具体对不同的生产部门，实现它还需要结合实际生产过程，造纸业就是提高木材利用率，蒸煮黑液、纸机白水如何利用等；而炼钢又有如何提高水重复利用率等一系列过程。

清洁工艺生产是工业生产的目标，它从综合利用这一根本上，把污染消灭或控制在整个生产过程中了，把本来要抛弃的废物都变成了宝。实现这一目标需要对生产工艺、过程有较深了解，需要一定的知识、技术和时间。我国目前的生活中，原料浪费大、污染重，如果能首先把原材料消耗降下来、污染物量减下来，就是向无废工艺迈出的重要一步。

多年来，我国在回收废水、废气中的原材料，变废为宝方面作了不少工作。例如，把无毒的矿渣作矿渣混凝土原料，把电厂的废热水作民用供暖，垃圾分类回收资源化，一些化厂原料的再利用等，生活中常见到的再生纸、再生橡胶、再生塑料制品等。另外，我国在提高水的复用率方面也潜力很大，每年泻入江河的几百亿吨废水中，绝大部分都是一次使用排出的，如果能把其中20%的水重复利用，不仅可以每年少用百亿吨水，缓解淡水缺乏的矛盾；还减少了排污水量，对治理污染和江河的水生态都有好处。

随着发展中国家经济发展、国力增强、环境意识提高，在生产中发展资源化技术、资源化产品；改造落后工艺和流程，逐步实现生产过程物料封闭循环，实现原料的充分利用的清洁无废或少废生产是可能的。

发达国家工业技术先进，经济较雄厚，在这方面多作研究、示范、支援，也是责无旁贷。只有当把大自然赐予的原料都充分、综合地利用起来，或把对自然界循环没有害处的工业废弃物返回大自然，而这些废弃物能够正常地加入自然界各种生态系统的循环中去（如沼气的废渣可作肥料、饲料等），对环境不产生破坏，或产生的污染影响自然界能正常净化掉。那时，人类与自然才能算是和谐相处，人类才能和地球环境永存。

春风又绿祖国山水

自古以来，桂林就以它的山清水秀荣获了"桂林山水甲天下"的赞誉，为中外游客所向往。但你可曾知道，它也有过一段不幸的历史，这段历史从"文化大革命"开始，到1985年才基本结束。

当时，漓江、小东江每天接纳数万吨工业污水和生活废水，江面上充满烟雾，真可谓天上浓烟滚滚，江面雾气沉沉，地下污水奔腾。中外游客一到桂林，只见城市垃圾成堆，街道脏乱不堪，天空雾气遮天蔽日，煤烟味熏得游人咳嗽不止。来到漓江和小东江，只见江面上浮起五颜六色的油膜、泡沫，以及游客随手扔在江中的食品软装袋。水质浑浊，腥臭味扑鼻。有的江段，一侧清水，一侧黑水，形成了几十里的"鸳鸯江"。水中的氰化物、铬、锌、汞、镉等有害物质都远远超过国家规定标准，影响了水生植物的生长，江中鱼类减少，鸬鹚不能繁殖，甚至中毒死亡。沿江两岸山上林木稀疏，有的地段甚至草枯树萎。桂林山水名不符实，中外游人无不惋惜！

1979年至1982年，党中央国务院先后发出了拯救桂林的重要指示，确定桂林为我国重点风景名胜之一，并积极采取措施解决环境污染。对有资金、有技术的单位，采取就地实行"三废"处理；对目前尚不能进行"三废"处理的工厂，采取关、停、并、转、迁等办法；在排污量大的工厂，积极推广新工艺、新技术，减少"三废"排出量，如沿江的17家电镀厂或车间全部采用了无氰电镀新工艺。对全市进行综合治理，处理了全市的14.5万吨煤灰；将清水引入小东江，使小东江死水变活、臭味消除。同时新建生活污水厂和生活垃圾处理厂，使桂林全市的生活污水和生活垃圾得到了有效处理，处理后的污水和垃圾可用来肥田和养鱼。开展了绿化工作，使桂林市绿化覆盖率提高到34.2%，人均树木3.42株，在全国城市中名列前茅。

经过几年的治理，桂林空气清新，市容整齐干净，山水恢复了昔日的清秀，并新添桂花路和桂花园，遇上桂花盛开，游人漫步其中，个个流连忘返。

鸭儿湖位于湖北省东南部的鄂城市内，原水面4860万平方米，它由13个子湖组成，西南通梁子湖，东北连长江。你站在湖边上，一望湖中，只见朵朵白云慢慢从水面升起，湖中水草青青、荷花盛开、鸭儿戏水、鱼儿跳跃，湖周围绿树环抱，如此美丽的景色吸引了无数游人。

鸭儿湖不但景色迷人，而且还溉灌着2.16亿平方米的良田，提供30万人口的饮用水，同时又是湖北省主要渔业基地之一。

1956年，许多工厂建在鸭儿湖旁。鸭儿湖每天接受未经处理的废水达7万吨，废水中含有大量六六六、对硫磷、马拉硫磷等毒性农药，此外，还有脂酸、氯化汞等。废水造成湖中水草枯死，两栖动物灭绝，较耐污染的鲫鱼44%发生畸形。从1962年到1975年的13年间，沿湖村落有1634人中毒，牲畜中毒死亡278头，严重危害和威胁着人民生命安全和农业生产。

20世纪70年代中期，科学家们对鸭儿湖进行调查和研究，提出了生物处理法。这种方法是利用微生物处理废物，使之变成无害的物质。同时对不能用微生物技术处理的废水，全部回收、集中处理，经过一段时间的艰苦治理，鸭儿湖获得了新生，出现了新貌。

值得指出的是微生物处理法，广泛用于石油污染和有机污染的废水，它原理简单，管理费用低廉，耗能少，易推广和利用，深受国内外重视。

人造丛林是物种乐园

  动物园里有各种各样的动物，老虎、大象、天鹅、野鸭、蜥蜴、蟒蛇……这些动物不仅供游览和观赏，有些还属于国家保护的珍稀动物。可惜，无论是动物园里的野生动物，还是水族馆里的水下"来客"，它们或被关在铁笼子里，或被紧系于大铁链上，或被置于小水池中。它们离别自己的家园，离开鲜活的大自然环境，来到这孤独狭小的地方，失去了许多自由。人类作为它们的真实朋友，有责任改变它们的这种处境，应该创造条件让它们尽享自由自在的生活。于是，人们开始为这些动物设计建造人造丛林，而且成为世界热潮。在人造丛林里，野生动物可以像在大自然中那样和自己的同伴们居住在一起，自由自在地生活和繁衍子孙后代。

  目前，世界上最为壮观的人造丛林要数美国的布朗克斯"丛林世界"了。在一片面积为4000平方米的丛林内，热带大树林立，藤本植物顺着树枝垂吊而下，岩石周围蕨类植物丛生，蟒蛇懒懒地盘在岩石上晒太阳，蜥蜴繁忙地穿梭于石缝间觅食，猴子家族嬉戏玩耍于枝头树杈上……考虑到游人的安全，设计师们巧妙地以山洞、峭壁和水流做成一道天然隔离"墙"。当游客沿着一条弯弯曲曲的木制小道游览之际，除了能观赏野生动物，还能观看火山斜坡上茁壮生长的丛林、酷似绿色长城的热带雨林以及茫茫的沼泽地，还不时能听到丛林中风声沙沙、流水潺潺，犹如置身于真正的热带雨林中。

  加拿大蒙特尔公司现正在雄心勃勃地实施一项宏伟的规划，要在1万平方公里的土地上使游客饱览亚马孙河流域的原始森林，尽赏加拿大洛伦索河两岸的丛林风光，同时还可以看到极地寒冷世界的珍奇动物——北极熊。

  建设人造丛林的关键，一是外表要有自然景观，二是要确保迁移动物对新居尽快适应，使它们能健康地生活和繁衍后代。例如，不管人造丛林多么像非洲大草原，不能只有一只用铁链子拴着的大象，必须有一个自由生活的大象群，因为成群结队的生活才是大象的天性。在制作岩石、山洞等景观时，常用石膏、玻璃纤维、泡沫橡胶、泡沫塑料等材料，按一定比例制成硬纸板式外壳，再经过精加工，制成天然物的形状，涂上薄薄一层水泥保护层，最后用天然无毒颜料和树脂进行涂色和装饰，就成为以假乱真的人造天然景观。用这些新型材料的好处是可以防止寄生虫、细菌和有害昆虫滋生破坏景观，还具有保温效果，可保持动物生存最适宜的温度、湿度等基本条件。人造丛林为野生动物创造舒适的环境，并充分发挥了挽救濒危野生动植物的功能。巴西绢毛猴已在人造丛林繁育后代后被送返巴西原始森林。素有"绿宝石"之称的菲尼克斯公园，创造有7种不同的热带气候景观，许多濒临灭绝的植物在这里得救。

为了更好地保护物种资源，世界上许多公园纷纷进行改造。如果全世界的城市公园都建起各具特色的人造丛林，那么至少能使1/3的即将灭绝的动植物种类免遭厄运。

"我们卖的，我们回收"

"我们卖的，我们回收。"这是台湾"义美"食品公司主动投身环境保护、为树立企业环保形象，向社会公开发布的环保宣言。这不仅仅是"义美"的宣言，而且是未来世界的潮流。

"义美"公司宣布，100%回收塑料蛋糕盒，每个蛋糕盒可换取价值10-14元台币的商品折价券，留待以后再购"义美"食品。他们还宣布全部回收塑料汽水瓶，凡贴有"义美"门市部价格标签的汽水空瓶送回门市部，折价2元台币。该公司号召大家共同参与！

日本松下电器公司面对家用电器更新周期在缩短和全球性环境保护法日趋严峻的新形势，从1994年起，开始大规模回收废旧家用电器。首先在国内、在美国和西欧建立大批回收站，然后采用先进技术进行回收处理，这样做，可回收再利用的各种塑料、有色金属、薄钢板、电器零件和其他材料达60%。松下电器公司为自己树立了"绿色"环保形象，有利于占领未来家电销售市场，也为保护地球环境作出贡献。

世界上最大的化工公司杜邦公司，是在20世纪30年代开始首家生产氟利昂的公司。现在禁止生产和使用氟利昂，靠生产氟利昂大发其财的杜邦公司提出"关怀环境"的口号，首家宣布回收氟利昂。这就大大提高了杜邦公司在公众心目中的信誉。

美国百事可乐公司，正在有效地采用新型废料回收加工工艺，将回收的软饮料瓶进行高分子化合物的解聚，打破酯链，然后再聚合加工成新型无毒饮料瓶，成功地将饮料瓶的废料利用了10%。他们下一步的目标是使回收瓶数量增加一倍，看来大有希望。

一些国家的汽车制造商已开始实施汽车"拆卸计划"，具体做法是，将制造的所有汽车零件都标上代号，以便在回收时易于拆卸、分类和再生利用。循环利用旧汽车最成功的首推日本尼桑公司，他们开发了一种能除去塑料表面油漆的新技术，除漆后的塑料零件可以再利用。

美国休斯顿的恺乐公司研究用溶剂在不同的温度下从混杂的塑料废物碎片中回收高分子化合物，回收的高分子化合物加热、熔化后生产再生塑料球丸，可在市场上出售。他们正计划安装每小时生产450万千克球丸的装置。

美国伊利诺斯州的艾摩卡公司正在开发一种在炼油厂内将回收的废塑料转换成基本化学品的新工艺。工艺过程是先清洗废塑料，然后用炼油厂的热蒸气熔化，最后在传统的炼油装置内对熔融物进行处理。该公司已在炼油厂的中试装置上处理了几批废塑料。回收的聚苯乙烯经裂解后可得到高产率的芳烃油；从聚丙烯中可得到高含量的脂族油，从聚乙烯中可得到各种轻石油气和轻油。艾摩卡公司已解决了所有技术难题，下一步是设法降低成本。

废物回收利用是企业发展的必然趋势，谁能识时务积极行动，谁就能占主动，不仅改善生态环境，还能争得市场，获取更大的经济效益。所以我们可以说，明天的企业既是生产产品者，也是它的产品变废后的废品处理者，所有废品都能重返生产者手里，或再利用，或做适当处理。那样，我们的地球就有希望成为又文明又清洁的星球了。

美国总统的绿色电脑计划

　　1995年年初，美国总统克林顿下令彻底改造白宫。莫非总统还嫌白宫不够气派、不够豪华吗？不是的，总统是要把白宫彻底改造成"环保屋"。他要求把白宫的冷暖机全部换上最进步的节电型，而且无噪声。同时，总统还下令政府机构要采用符合环保局节电标准的电脑——绿色电脑。为此，克林顿请了100名专家，为他提供了50多项好建议。

　　电脑，在美国那样的发达国家里，已成为最普遍使用的工具，有人把电脑比作人类的第二大脑，蛮有道理。1992年，美国环保局发起"能源之星计划"，看来，美国总统要把白宫改造成环保屋，正是对这一计划的最有力的支持。据美国环保局估计，到2005年，美国将有1500万台计算机报废而埋于地下。

　　要处理这么多的废电脑，即使不计地皮费，至少也要10万美元的费用。再说，电脑耗电，也带来环境问题，目前全美国电脑耗电为1250亿千瓦时，在过去10年中，每年电脑耗电增加250亿千瓦时，这样下去不得了。我们知道，电是发电厂生产的，电厂靠燃煤或石油发电，既消费大量的煤和石油，又因为燃煤和石油要排放大量二氧化碳，使温室效应更加严重化，造成恶性循环。

　　因此，美国环保局发起能源之星计划，要求每个单机的功耗由现在的150-300瓦，降低到30-50瓦，要求PC机功耗减少80%。这不是给电脑工程师出难题吗？难是难点儿，不过为了改善环境，迎来绿色的明天，现在必须这么要求。

　　美国环保局预计，如果按计划执行，每年可节省电费20亿美元，如果所有的PC机都能符合能源之星标准，每台节能型PC机全年可以省出100美元的电费。美国每年的耗电量就能从700亿千瓦小时降至250亿千瓦小时，仅此一项节能措施，就能节约耗电量2/3。

这么说，能源之星计划确实是节能之星，它的目标能实现吗？事实表明，绿色电脑呈现出广阔的发展前景。

美国苹果公司率先推出省电的Mac彩色电脑，在挂机时能将用电量降至每小时25瓦。另一家电脑公司IBM公司也不落后，推出了新型桌上个人电脑PS-2E，不仅省电，而且具有低辐射、低噪声、所用的塑料可以回收的特点。

美国施乐公司的科学家为解决节能问题，正在研究将"可逆计划"技术投入实用。最近英国推出一种"绿色"计算机芯片，使用这种新型的微机芯片，电脑在不使用时可处于"休眠"状态，既保护电脑自身，又能省电。如果美国的电脑全部用上这种芯片，每年将可节省数以亿计的电费。

现在我们可以想象一下，未来摆在你桌上的电脑是什么样的。科学家们预测，未来大众化的绿色电脑必定是一种节能省电、低噪声、低辐射、抗病毒、使用更舒适、材料可回收的电脑。

摘掉"白色污染"的帽子

　　塑料称得上当代骄子，备受人们的青睐。但是，塑料也惹来了不少麻烦。这东西有个倔脾气，摔不破，揉不碎。埋在土里不腐烂，扔到水里沤不坏。牲畜吃到肚里，也不化。真可谓顽固不化。据说，有人解剖北大西洋、地中海的鱼类，发现鱼胃里塑料占30%。在海洋里，每年遗弃的塑料渔网和其他塑料制品达几十万吨，废网缠死的海洋动物每年超过10万，误食塑料致死的海鸟超过200万只。损失惨重啊！所以说，塑料已构成对环境的污染，被人们形象地称作"白色污染"。能不能让塑料改变一下它那种倔强脾气呢？

　　1988年，美国新泽西州国立淀粉与化学公司的两位年轻化学家在实验室里忙碌着，他们在试验谷物类食物在牛奶中能坚持碾压多久。试验中，他们意外地发现，挤压机里渗出了一种奇怪的物质，看上去软绵绵的，过了几秒钟，冷却之后，仔细观测这种物质，认为它完全可以代替聚苯乙烯泡沫塑料的原料。从此，为生态塑料带来了曙光。

　　一种光降解塑料，是在普通塑料中添加光敏剂。这种塑料受到光照射后，发生光化学反应。于是就变脆、变破，成为小碎片。现在已开发出多种光敏剂，可用来制造光降解塑料。但这种塑料还不能令人满意，因为它只能被分解成碎片，不能被彻底分解。

　　生物降解塑料有很多种。有一种是用天然高分子材料如淀粉、纤维素、甲壳素、普鲁蓝等制作的。不过，目前直接用这些材料做成的塑料不够结实，耐水性也差，还未达到实用阶段。降解性能最好的是微生物发酵生产的塑料，称为微生物塑料。英国的ICI公司已经批量生产生物塑料，它的商品名叫"BIOPOI"。还有一种叫化学合成生物降解塑料，它是由脂肪、多糖、乳酸等生物材料制成的，可以被生物分解，不过这些材料不是天然的生物材料，而是用化学方法合成的，这样可以大量生产，价格也便宜多了。

　　另一种塑料叫生物崩解性塑料，生产这种塑料方法比较简单，就是设法在那些不降解的塑料中，渗进一些淀粉、纤维素、多糖类生物材料。这样的塑料，被废弃后，过一段时间，其中的生物材料会降解，塑料本身就会一块块地崩坍，不再是整块整块的不烂不化的垃圾。生产这种塑料工艺比较简单，利用现有的塑料加工设备就能上马生产。其中以淀粉加聚乙烯的塑料研究最成熟。国外有好几个公司都能生产这种塑料母料。我国从1989年就开始研究生产这种塑料，估计很快就会同我们见面了。

　　相信不久的将来，适用于各种用途的分解性塑料就会进入生产和生活的各个领域。但是，专家们认为，不必将所有的塑料都改用分解性塑料，因为分解性塑料强度低、不易保存，而且从生态学观点来看，一切原材料应该尽量多次循环使用，塑料也应该尽量回收再利用，不应该只用一次扔掉而不再参加循环。究竟如何发展，还是权衡利弊、综合考虑为好。

"明日蔡伦"：微生物造纸

自打蔡伦发明造纸以来，造纸业为人类文明立下了汗马功劳。造纸过程中会产生大量的废水，最主要的是蒸煮废液，通常叫黑液。黑液不仅颜色黑，还含有木质素等大量的有机物、碎小纤维以及大量苛性碱。黑液排放到哪里，哪里就变得又黑又臭，人们把这黑水比做"黑龙"。因为"黑龙"严重污染环境，造纸工业就成为污染环境大户。

古代造纸是将纤维材料置于水塘中，经水塘中天然存在的微生物的作用，就能沤制出纤维，而后制成纸张。当然这是很原始的方法，但是这种方法不加化学药品，不致于造成环境污染。受古老的生产方法的启迪，人们发明了现代的更加科学化的微生物造纸工艺。现代人采用生物技术，在常温常压下，利用一种名为白色腐菌的微生物分解木质素，分离出纤维用以造纸。这种白色腐菌对木质素的分解力极强，却对纤维素丝毫无损。同化学制浆法比较，用微生物制浆可使纸浆收获率提高10%，制浆成本降低一半，木材消耗量节约1/9。更主要的是不产生黑液，减少环境污染。

微生物不仅参与造纸，微生物还能直接生产纤维来造纸。日本索尼公司利用酿醋微生物合成纤维。这种纸的纤维极细，直径只有普通棉花纤维的千分之一，而它的强度比普通纸高数十倍，是一种特种高强度纸。用这种纸为材料做成耳朵振动膜片，重量轻，质地坚固，音响效果更加准确优美。

美国的研究人员培育出一种能合成纤维的微生物，叫木酯杆菌。木酯杆菌以葡萄糖为主要营养物，只要供给它氧气，就能生产大量纤维。这种菌可在普通发酵罐中培养，产生的纤维能自动浮在罐的顶部，极易分离出来。经过灭菌、洗涤等一系列处理就能制得工业用的纤维原料，再用不同的化学方法处理后，可以用它造纸，也可以纺纱，甚至还可以食用。

　　科学家们并不就此满足，他们希望借助生物工程能找出控制细菌合成纤维的基因产物。那样，人们就可以直接利用那种基因产物指挥复制细菌纤维，不必大量地精心培养细菌，就能从培养物中分离出纤维了。

　　由此看来，"黑龙"的彻底消亡指日可待！造纸工业污染大户的帽子也能摘掉了。

环境保护做到家里

生态化是什么意思呢？就是泛指节水、省电、消除污染，以及其他有益于环境、有益于健康的措施。

人们常常把家庭比作避风港，把自己的居室视为个人小天地。每个家庭或个人都按照自己的喜好布置和美化家庭居室。你家里可能装修一新，墙上贴了墙纸，地上铺了地毯，摆上新式家具，享用冰箱、彩电、空调、音响等电器设备。可你想过没有，采取什么办法能够节水、省电，怎样消除室内污染，使我们的家庭居室既美观漂亮，又有益于环境保护和身心健康呢？随着人们生态意识的增强，人们正在实现居室的生态化。

在我国，这几年抽油烟机、排风扇、吸尘器逐渐走进家庭，有助于消除室内污染。国内外又有不少新的发明。例如，德国施奈德电气公司最近推出一种新型生态电视机，能大大降低有害的电磁辐射，其辐射强度仅是德国国家规定的千分之一。

瑞典最近推出一种能保持空气新鲜的生态画。它的表面涂有一种多微孔涂层，该涂层能吸收、分解油烟和烧焦味等难闻的气味，把这些气味转化成无味无害的气体。这种画还可调节空气湿度，既有装饰、美化居室的作用，又有清新空气的作用。

台湾一家公司设计生产一种滤除烟雾的烟灰缸。烟灰缸装有油压式开关，吸烟时用手轻轻一按，缸盖便徐徐打开，缸内的抽气扇立即启动吸入烟雾，并由活性炭加以滤除，减少吸烟造成的空气污染。这种烟灰缸的电流可以用交流电，也可以用直流电。还可作为床头灯来用。

日本朝日太阳能公司制造了一种浴室净化系统，将浴室的用水经过捕毛器网除去毛发，再经过200微米小孔的软片过滤器，除去水中污垢后，再用陶瓷球袋清除里边的蛋白质、脂肪和其他杂质，最后经紫外线杀菌处理并自动加热重新返回浴缸。经检验表明，这样处理的水质比普通自来水还干净。使用浴室净化系统，能够节约用水，使家庭用水量减少一半。

日本生物技术制品公司和我国青岛特殊涂料公司合作生产名为"美加净"的壁面涂料，这种涂料能吸收室内氨气，能使含量为18%的氨减少为2%。这种涂料的主要原料是水溶性醋酸乙烯树脂，添加了特制的锰化合物——优锰。优锰产生活性氧来冲击恶臭分子，除去恶臭。活性氧又能促使优锰再生，使除臭功能保持长久，一般至少可达3-4年。

可以说，居室生态化才开了个头，随着人们生态意识的增强，一定能使室内各种用品，装饰品变得既适用、美观、优雅，又能节水省电，消除污染，创造出有益于健康的生态化的居室环境。

用音乐抵消噪声

你一定熟悉我国音乐家冼星海的名言："音乐是人生最大的快乐，音乐是生活中的一股清泉，音乐是陶冶性情的熔炉。"又有人说音乐是有声的图画。图画给人以视觉美感，音乐给人以听觉愉悦。因此，用音乐美化环境，成为当前世界环境事业中的新潮流。

早在20世纪70年代初，加拿大作曲家马利·谢法就提出用音乐美化环境的设想。他亲自设计出一种音乐柱，用来装饰居室环境。

日本音乐设计研究所制定了一套用音乐创造舒适环境的计划，发明了会唱歌的音乐窗和会奏曲的音乐钟。

现在，音乐家和设计师们已设计出许多音乐和音乐设施：音乐柱、音乐窗、音乐钟、音乐塔、音乐椅、音乐公园等，使音乐与环境浑然一体，创造出良好的音乐环境。比如，早晨起床后，你去开窗，音乐窗会唱出你喜欢听的歌曲。此时你会立刻感到神情一爽。当你闲暇休息的时候，音乐柱能为你"演奏"各种轻音乐，使你全身心放松。音乐的确能增强环境的舒适感。

如果你愿意，你还可以用音乐来营造一块个人的小天地。日本先锋公司最近发明了一种无声的音乐椅，叫做"周身体感立体声装置"。从外观看，它是一把普通的折叠躺椅。它的构造是在椅背上安装有低音扬声器，扬声器的磁铁部分，加个音圈。这种扬发器不发出声音，而是发出低频振动信号，通过振动，使躺在椅子上的人感觉到音乐的优美旋律。所以只有躺在椅子上的人，才能"听"到音乐，躺在椅子上用全身听音乐，而不是用耳朵听，所以叫"体感立体声"。

音乐不但能美化环境，音乐还能抵消噪声污染。噪声是不同频率不同强度的声音，杂乱无章地组合在一起，使人听得刺耳，听得心烦。噪声来源于机械振动、摩擦、撞击和气流扰动等，可分为工业噪声、交通噪声和生活噪声等。用音乐抵制噪声是控制噪声的一种奇特的办法，既控制噪声又能享受美的音乐，真是太奇妙了。日本已研制出"音乐屏蔽噪声装置"，这种装置发出的音响像无形的网罩一样，把噪声遮掩住，使噪声减弱，变得模糊不清。音乐屏蔽噪声的基本原理是根据噪声强弱，配以相应的音乐，使音乐的波峰与噪声波谷相重叠，从而起到抵消噪声的作用。

人群密集的公园、文化娱乐场所和交通繁忙的十字街头，都是噪声污染较严重的地方。日本在这些地方修建音乐塔，塔中安装音乐屏蔽噪声装置，收到了抵消噪声同时美化环境的良好效果。目前，东京赤坂大厦、多摩市文化中心、名古屋市内公园等地，都建设了音乐塔，安装了音乐屏蔽噪声装置。

音乐已渗透到环境的各个角落，未来的环境是音乐化的环境。

当你专心致志做功课时，或者静下心来欣赏美妙的乐曲时，隔壁装修工的电钻不停地发出刺耳的声音，楼下不时传来木工的电锯那钻心的吱吱声，心烦不心烦？躲又无处躲，功课做不下去，音乐更无法听。怎么办？别发愁，往后就有办法了，科学家为我们设计了一种耳机，戴上它，各种刺耳的、钻心的噪声都听不见，却能听到动人的音乐声、电话铃声和门铃声。还有绝的呢，用一种智能消声材料做飞机的舱壁，做办公室、家庭住宅的墙壁，所有噪声都可被墙壁"吸收"，在这样的房间里，连耳机也不必戴了，做功课、听音乐，不受任何干扰，你说棒不棒？

这其中的道理是什么呢？

19世纪80年代，科学家雷利想把电动音叉发出的声音通过一对风琴管传出，可是声音却消失了，这使他最早发现了"以声治声"的原理——用一种波形与另一种波形的相反而频率相同的声音去抵消噪音。这种波形相反的声波很像人们在镜中看到的方向相反的像，被人们称为"镜像声波"。

1932年，德国工程师鲁埃格制造出一种粗糙的声音抵消器，取得第一个以声治声的专利。但由于噪声是无规律的且瞬息万变的声波，要制造噪声的镜像声波谈何容易！所以尽管"以毒攻毒"方法在理论上完全正确，但在实际上限于当时的技术条件无法实现。

近年来，随着微电子技术和计算机技术的迅速发展，美国弗吉尼亚州一家制造装卸谷物机械的公司，按照上述物理学家的构思研制出以噪声消

环境保护

除噪声的装置。在这种装置里，麦克风如同人的耳朵，它"听"到机器发出的噪声，迅速报告给"大脑"——专用微型计算机，"大脑"对噪声频率进行高速分析，根据分析结果立即发出指令，指挥"手足"——高音喇叭赶快出击，发出噪声的镜像声波，正好抵消噪声震动，从而消除噪声。安装了这种消声装置，能使装卸谷物的吸管所产生的噪声由123分贝降低到80分贝，已符合一般工作环境的噪声标准了。

和其他控制噪声的方法比较，这种以噪声除噪声的方法是主动式的。这不仅能消除高频噪声，而且能消除工业设备产生的低频噪声。主动控制噪声系统的扬声器可以安装在飞机、汽车的座椅枕头上，这样乘客坐在座椅上就听不到噪声了。主动控制噪声系统还可以做成耳机形式，在各种噪声环境中，只要戴上耳机就听不到噪声，却能听到电话铃声和门铃声。

至于智能消声材料，那是一种陶瓷的新材料。用这种材料做成墙壁，当噪声声波出现时，墙壁材料也会随之震动，且震动方向相反，正好抵消噪声声波。

乌金滚滚"自来煤"

多少年来，煤炭都是由工人从地下挖掘出来，再通过火车拉、汽车载、轮船装运，送到发电厂和各个用煤地点，或者运到港口码头，准备出口到国外。由此而来的便是修筑漫长的铁路、蜿蜒盘曲的公路和庞大的储煤场地。这不仅要占去大量的土地，而且在搬运煤炭过程中，黑色煤尘到处散发，环境被煤尘污染，极不美观。现在有一种管道输煤技术。利用管道输煤，可以减轻铁路、公路的运输负担，能省出修路和堆煤占地，也减少煤尘污染，使环境更加清洁优美。

管道输煤技术并不复杂。当然首先需要一次性投资，铺设好管道。输煤时，先把煤炭破碎成直径3毫米以下的颗粒，然后加入相同重量的水，一起打入搅拌桶内，把煤和水混合后用煤浆泵把煤水混合物送入管道，煤水混合物便沿着管道直泻而下。在管道沿线地势平坦处，还需再给它加把劲儿，即设泵加压，以推动煤浆迅速奔流。

美国内华达州的莫哈夫电厂，每年消耗1万5千吨煤炭，就是用地下管道从400多公里外的黑迈萨煤矿输送进厂的。因此，电厂附近没有耸立的运煤栈桥，没有庞大的储煤场地，没有隆隆作响的卸煤机械设备，只有一条输煤管道静静地把远道而来的煤浆送进脱水泵。脱水后的煤浆就可直接投入熊熊燃烧的炉膛。脱下的水经适当处理后，加入电厂的冷却水中，加以利用。

管道输煤更适合我国的国情。我国的大型煤矿多集中在大西北，我国地形恰好由西北向东南倾斜，可因势利导，发展管道输煤技术。至于用水，管道送煤用水量并不大，地表水或地下水均可利用。

铺设地下管道输煤，可以节省能源，万吨煤炭每公里的运费是铁路运输费用的70-80%，投资也比建铁路少40%以上，节省出的大量土地，仍可合理利用。

管道输煤技术大有发展前途，许多国家都在积极研究和实施这项技术。我国已建成了山西大同至秦皇岛港的管线，乌金源源不断地流向秦皇岛港口码头。出口换取外汇，支援国家经济建设。我国还建成了清华大学管道输煤试验系统和唐山煤炭科研分院的管道输煤实验室。试验系统全部采用电子计算机集中控制，堪称世界一流水平。"乌金滚滚管道来"的日子不远了！

用机器人监测环境

对于环境污染，假如我们不亲自到污染现场去直接进行监测或采集样品带回实验室分析测定，就不可能知道那里的环境有没有受到污染或受什么污染、污染程度如何。然而，有些污染物，如放射性污染物，致癌、致畸、致突变污染物和其他有毒有害物质，这些统统叫做危险废弃物，对人体有害。受危险废弃物污染的地方，如果研究人员也亲自到那里去调查、采样、完成分析监测，很容易受到毒害，除非具有特殊的防护措施。那么还有没有别的好办法呢？现在让机器人深入"虎穴"，工作人员只要坐在安全的地方，遥控指挥机器人，照样可以分析测定环境中的危险废弃物。

例如，探测分析放射性污染物就可让机器人来完成。人们把一种监测仪器叫做"感应耦合等离子体——原子发射光谱仪"（简称ICP-AES系统）安装在汽车上，研究人员驱车到场地后，指令机器人采集地上、地下以及空气中的样品，然后由坐在汽车里的研究人员在车上完成测试。这是利用机器人采集分析的最初阶段。科学家们并不满足于此，他们的目标是研究人员不进入现场，只坐在1公里以外的安全地带，在遥控车上指挥机器人，让机器人完成全部采样、分析过程。

例如，将采样装备和ICP-AES测试系统连接好，安装在汽车上，操作人员命令机器人将汽车开到污染现场，然后再指令机器人到指定位置采集样品，并利用事先安装在汽车里的自动测试仪器，进行自动测试。坐在1公里以外的研究人员可以监控全部采样与测试过程，发现问题及时解决，直到获得满意的结果。远距离遥控分析简便快速，安全可靠。工作人员再也不必担心危险物质对他们产生伤害了。

这种利用机器人分析危险物质的方法不仅用来分析废弃物，在工业生产中也可遥控分析放射性熔融金属和其他危险物质。

机器人既然可以探测危险物质，探测非危险物质就更容易了。让机器人到深海去，分析测定深海的水质，把机器人用直升飞机带到高山顶上以及其他人迹罕至的地方，可以获得环境背景值，以便更好地管理环境。总之，机器人在未来环境监测方面，将会大显身手。

变废为宝的"魔杖"

在童话故事《灰姑娘》中，灰姑娘的神仙教母用魔杖把南瓜变成了金马车。现在，科学家们发明了真正的科学"魔杖"，它能神奇地将有毒废物变成无害的物质，这就是等离子体废物处理系统。它是怎样把有毒废物变成无害物的呢？

我们知道，物质有气态、液态和固态这三种状态。随着温度的升高，冰能变成水，水能变成水蒸气；某种固体物质，加热到一定程度就会变成液体，把液体再加热，它会变成气体。要是把气体继续加热，到了一定程度它会达到一种由带正电的核、缺了电子的正离子以及带负电的电子组成的混沌状态，这种状态就叫等离子状态，科学家们称它为物质的第四态。

美国麻省理工学院等离子体合成中心研制了两种等离子体系，一种是高温等离子系统，也叫"热"等离子；一种是低温等离子系统，也叫"冷"等离子。"热"等离子，能将固体或液体废弃物加热到1700℃，然后使废物变成坚硬的玻璃状物质。美国计划用"热"等离子炉处理放射性核废料，核废料经处理后变成玻璃状的坚硬物体，正好可以填埋入地下，保证安全。"冷"等离子发生器能将电子流聚焦在含有毒物的气流上，有毒物质吸收等离子体中的自由电子而形成不稳定电子，再进一步分解成低毒或无毒物质。美国打算用"冷"等离子系统处理兵工厂的废溶剂，如四氯化碳。四氯化碳是公认的致癌物，处理后，四氯化碳变成二氧化碳和盐。用等离子体处理系统比用常规的焚烧方法节约能耗10-100倍。

等离子体处理核废料或有毒物质时，对操作人员会有伤害。为了避免对人体产生危害，这两种等离子体系统都设有计算机或机器人，工作人员可进行遥控操作。这样，"热"等离子体钢炉可以直接建在核废料场，

"冷"等离子发生器可安装在汽车内，把汽车开到处理地点，工作人员在安全位置上进行遥控操作。

等离子体处理系统用于处理造纸黑液回收碱，已取得初步成果。经过预先浓缩的黑液，在等离子处理炉内进行各种化学反应，直接生成可燃性气体和含碱的炭粉。将炭粉和碱分离之后，就能回收碱，可以循环使用。而炭粉也是很好的工业原料，可另派用场。这项技术完全成功之后，将是造纸废水处理的一场巨大变革。

未来的"点金术"

　　古代炼金术士总想方设法把铜呀、铅或这些贱金属转变成金银贵金属，他们的那些方法叫点金术。可惜他们没有获得成功，倒是现代科学家们寻求把有害的放射性核废料转变成没有放射性的物质的方法，也可说是"点金术"吧，却取得了满意的结果。

　　原子能工业、核武器生产肯定会有核废料，科研和医用的废旧射线源也是核废料。放射性废料必须严加保管，稍有不慎，放射性物质发射出来的射线就会伤害人和动物，可能引起白血病、肺癌等癌变。

　　目前，对放射性废料主要采取井下封存的办法，让那些废的放射性物质在井下自然衰变，放出的射线不至于散发出来。有的放射性物质在井下自然衰变几年，可以变成无放射性的物质，有的则需要很多年，也许要几十万年。例如，锝99的半衰期长达25万年。这种核废料，在美国华盛顿州的能源部仓库里存放几十吨，要是让这几十吨的锝99全部靠自然衰变而成为无放射性物质，需要多少年啊！

　　美国的亚伯尼博士和他的同事找到了将有害放射性核废料转变为无害物质的"点金术"——废料加速器衰变法。其中有一种方案是用粒子加速器加速质子（原子核分为质子和中子），再用加速的质子猛击金属靶而产生中子流。然后用重水使中子减速，并使中子簇射到核废料上，放射性核物质俘获中子就成为无放射性的同位素或半衰期较短的放射性同位素，后者再通过自然衰变过程能很快变为无害物质。这种"点金术"首先用来处理锝99放射性核废料。利用亚伯尼的"废料加速器衰变"装置可把锝99废料转变成无害的钌100。

　　亚伯尼实验室计划用"点金术"，即采用"废料加速器衰变"法，每年清除2.2吨有害的放射性核废料，使之转变为无害物质。按照这种速度，要把华盛顿能源部仓库里存放的几十吨放射性锝全部清除完，也还需要30年之久。但不管怎么说，总算在彻底清除放射性核废料方面开了一个头。用废料加速器衰变法也可以处理其他的核废料。显然，为了更快地处理更多的核废料，各种"点金术"会接踵而来，将把人们对于核废料的惊恐和忧虑，一扫而光。

环境科学的魔术师

魔术师常有这样的表演：一手拿一杯清澈透明的液体，举着这两杯液体让周围的观众看个分明，然后把两杯液体倒在一块，摇一摇，晃一晃，转眼间，一杯鲜艳的红色或蓝色液体出现在观众面前。魔术师的表演通常都是用假像来迷惑观众的，但有时也利用化学反应来变魔术也是一种发明，不能小看。然而这样的化学反应对化学家来说，不过是雕虫小技。话虽这么说，可是为减缓温室效应，消除二氧化碳，采用化学反应的方法让二氧化碳脱胎换骨，还着实需要化学家好好动一番脑筋才行。

东京煤气技术中心的化学家和工程师正在研究开发的用触媒将二氧化碳合成甲醇的新技术，很值得重视。化学家的目的是让二氧化碳和氢气这两种气体发生反应，最终使二氧化碳变成液态的甲醇。甲醇，俗名叫"木精"，它可以用作有机溶剂或化工原料。虽然化学家认定二氧化碳和氢气是天生的一对，必能结成美好姻缘，但是，要让它们痛痛快快地结合在一起，却并不容易。化学家们需要多方寻找红娘，也就是触媒，经过红娘的牵线搭桥，再给它们创造一定的条件，如加温、加压等，它们最终还是喜结良缘了。化学家们请的触媒是用锌、铜、铅烧结成的。将二氧化碳和氢气混合在一起，通入装有触媒的反应器中。触媒分多层摆放，混合气体每通过一层触媒，大约有25%的二氧化碳脱胎换骨转变为甲醇。二氧化碳和氢气反复多次地通过触媒层，最终能使98%的二氧化碳转变成甲醇。目前投入运行的反应器是在直径2.5厘米，长25厘米的管子里装有触媒，让混合气体在每平方厘米90千克的压力下流过，于2500—3000℃温度下合成了甲醇。

如此看来，化学方法消除二氧化碳也是十分奏效的。将来，化学家如果找到更好的触媒，也许在常温常压下就能让二氧化碳和氢气合成甲醇。

那时，只要在大量排放二氧化碳的出口，将排放出来的二氧化碳与氢气混合，引入装有触媒的反应器中，经过触媒一次再次地对二氧化碳和氢气进行撮合，那时你再看，从反应器的出口排出来的，不再有二氧化碳的踪影，而是经过一番脱胎换骨的改造，与氢气结合而成的甲醇。这样一来，不仅可使二氧化碳对环境的污染得以减缓，人们还又可得到一种新资源哩！

无污染的胶片

日常生活和工作中，人们遇到一些难办的事情，常打趣说："既要马儿跑，又要马儿不吃草。"比喻办事要求十分苛刻。我们知道，现在工业生产中排放的大量废气、废水、废渣，就是常说的"三废"，污染了我们生存的地球环境，正使地球大伤元气，也使人类为治理"三废"大伤脑筋。生产中能不能不产生三废污染呢？这个问题提得好。现在全世界正在推行清洁生产技术，要求在生产中既要获得较多的产品，更要降低原材料的消耗，还要求不产生污染环境的废弃物。这真是既要马儿跑得快，又要马儿不吃草，还要马儿不拉屎。这要求是苛刻了点，不过，我们想继续发展生产，要想在地球上继续生存下去，只能选择清洁生产技术这条路。

最近，美国施乐公司附属的弗德印刷技术公司生产一种干法显影软片。用这种软片摄影时，只要接通电源，然后像我们平常摄影一样进行曝光，曝光后稍稍加热，冷却下来后，软片下就能留下永久性的成像，再拿到激光印刷机上就能印出图像。这样印出的图像特别清晰，使用干法显影软片摄影，只要不接通电源，就不会曝光，在相机上装片就像在复印机上装复印纸一样，照完相也不需要像普通照相方法那样，把底片卷起来放在暗盒里避光保存。这种软片用起来非常方便，这仅是它的一部分优点。

干法显影软片的生产技术是一种很有前途的清洁生产技术。第一，生产这种胶片，不用溴化银，能节省大量白银。用这种胶片摄影，不需要用化学显影液来冲洗，可节省化学显影剂。第二，它不排放废水，不污染环境。

我们就拿它和普通照相方法比较一下吧！一台典型的显影机带一个图像固定器，每年要消耗800升显影剂，费用超过200英磅，而且每小时至少排放200升废水。生产干法显影软片，硒的泄漏低于检测水平，不致对环境构成污染。第三，尽管这种胶片被列为"可随机废弃"产品，生产这种胶片的公司仍计划回收废胶片，从废胶片上分离出硒，还可以重新利用。

你一定很想用这种胶片照相了吧？将来肯定行，可目前它还仅限于生产高清晰度的黑白胶片，适合于印制杂志、产品目录等。

清洁生产技术虽然仅仅是开始，但在减少废弃物方面已见成效。美国有一家公司，1987年采用清洁生产技术，开始实施"危险废弃物减少计划"，1988年就比1986年危险废弃物排放量下降60%。21世纪初，已普遍实行清洁生产技术。绝大多数废物要在生产过程中被再利用或者被就地处置，大大减轻废物对环境的污染。

用动物监测环境

　　有的矿工到井下作业，常常带着金丝鸟一块下去，你猜这是为什么？是为了好玩吗？不对，是有经验的矿工用金丝鸟来探测井下是否安全。

　　科学家们发现，自然界中有许多动物对环境污染物特别敏感，刚才提到的金丝鸟就对一氧化碳特别敏感，怪不得矿工到井下要带金丝鸟呢！根据这种发现，预计在未来，我们可以借助许多对环境污染物的敏感程度比灵敏的仪器还要灵敏的动物来监测环境，这样做既方便又省钱。这种动物称为"指示生物"。

　　例如，非洲尼日利亚首都拉各斯等几个工业大城市，实行了一项独特的管理措施，他们在城市的所有自来水管道网中都精心养殖几尾鱼。这鱼既非供游人观赏，也不是餐桌上的美味佳肴，它们是轮流值班的水质监测员。这种鱼叫狗鱼，是生活在河流或湖泊中的一种淡水鱼。体长1米左右，性格凶狠。它的视觉和听觉都很差，而嗅觉异常灵敏，这点和狗有点相似，也许这就是取名狗鱼的原因吧！鼻子长长的狗鱼在蓄水池中游来游去，对水中的有害物质和有毒气体非常敏感，它可借助特殊的放大器不断地发出脉冲信号。在正常情况下，脉冲信号的振荡频率为每分钟400-800次。若有毒物存在，脉冲频率减少到每分钟200次，同时产生相应的爆裂声。这时，自来水管道网水质控制中心的信号盘就会发出报警信号——控制污染！这种水质监控方法灵敏又省钱，颇受世界各国的关注。美国、英国、瑞士等许多国家纷纷引进狗鱼来监测居民饮用水质量，均获得满意的效果。

　　科学家们一方面继续在自然界中寻找最敏感的指示生物，另一方面将利用基因工程来培育多功能的指示生物，这种生物既有观赏价值，又能监测环境污染物。如果科技人员把狗鱼的敏感基因识别出来，而且能像复印文件那样把那段敏感基因复制出来，再转移给绿毛乌龟，绿毛乌龟就能像狗鱼那样监测环境污染物，又能供游人观赏。而且绿毛乌龟寿命长，可以多年不退休，不换代，传代越少，移植基因丢失的机会越少，敏感就能长期地稳定下来。在未来，如果有人在不该吸烟的地方吸烟，说不定就有哪一种动物提醒他：请把烟掐灭！在剧院、电影院等公共场所，如果空气污浊，不符合标准，指示生物就会提醒管理人员：该通风换气了！你看，多么方便、快捷啊！

"以毒攻毒"的核辐射

1945年广岛原子弹爆炸，有多少无辜者遇难死亡。造成死亡的一个主要原因就是：核辐射。前苏联切尔诺贝利核电站发生事故，有多少人不得不背井离乡，怕的是什么？也是核辐射。1987年9月30日，巴西戈亚尼亚市发生严重的核泄漏事故，使1000多人受到核辐射的伤害。难怪人们一提起核辐射，就感到恐惧、害怕，好像惧怕魔鬼一般，躲得越远越好。不过这只是核辐射的一个方面，一旦人类制服了它，它还是人类的好帮手呢！

医生给癌症病人进行放射治疗，是利用核辐射来杀死癌细胞；检查身体时，要做X光透视，拍X光照片吧，这都是核辐射在医学上的应用。

核辐射是从哪里来的呢？它是放射性物质放出的射线或者是加速器中产生的高能粒子流。利用核辐射处理环境污染物是20世纪70年代发展起来的治理技术。同别的治理技术比，它可是个多面手，它能处理废水、废气，也能处理固体废物。

核辐射处理废水，能使其中的有机物显著降解，从而大大降低废水中的总有机碳、生化需氧量和化学需氧量等指标。核辐射还能彻底消灭废水中的病菌、病毒等各种病原体。特别值得夸奖的是它能解决污水处理场的污泥问题。污水处理场有那么多的污泥，没有地方堆放，必须先脱水，再放到焚烧炉里烧掉，这要消耗很多很多能量。用核辐射处理过的污泥，污泥很容易脱水，过滤也快，污泥的体积就能大大缩小，还能把污泥彻底消毒。这样处理污泥比焚烧少花2/3的钱。这样的好事谁都愿意干，世界上一些工业发达的国家都建有大大小小的废水核辐射处理场和污泥核辐射处理场，仅美国就有40座，较大的一座每天能处理400立方米的污泥呢！

核辐射处理废气，能使烟道气与氨发生辐射化学反应，使废气中的二氧化硫转变成硫铵，氮氧化物转变成硝铵，能做到同时脱硫又脱硝。日本率先建成废气处理示范装置。每小时能处理3000立方米废气，脱硫、脱硝效果很好。现在，美国正在和日本合作建造规模更大的处理装置。进入21世纪，核辐射处理方法正日渐成为处理工业废气的主要方法。

核辐射技术用于处理塑料废物、废纤维以及用于食品废弃物的消毒也能大显身手。例如，聚四氯乙烯下脚料，经核辐射处理后可制成超细粉，可用作高级固体润滑剂。废纤维素经核辐射处理后，更容易用酸或酶水解转化成葡萄糖，葡萄糖可转变成工业原料乙烯，用核辐射处理可以提高转化率，节约成本。大量的食品加工废弃物，用核辐射消毒后，可做动物饲料或肥料。以色列已建成一座核辐射处理场，每天能处理100至300吨的食品废弃物。

核辐射不愧是处理废物的多面手。将来，随着核工业的迅速发展，核辐射处理技术这个多面手必能在许多领域中发挥作用，为改善地球环境作出贡献。

参 考 书 目

《科学家谈二十一世纪》，上海少年儿童出版社，1959年版。

《论地震》，地质出版社，1977年版。

《地球的故事》，上海教育出版社，1982年版。

《博物记趣》，学林出版社，1985年版。

《植物之谜》，文汇出版社，1988年版。

《气候探奇》，上海教育出版社，1989年版。

《亚洲腹地探险11年》，新疆人民出版社，1992年版。

《中国名湖》，文汇出版社，1993年版。

《大自然情思》，海峡文艺出版社，1994年版。

《自然美景随笔》，湖北人民出版社，1994年版。

《世界名水》，长春出版社，1995年版。

《名家笔下的草木虫鱼》，中国国际广播出版社，1995年版。

《名家笔下的风花雪月》，中国国际广播出版社，1995年版。

《中国的自然保护区》，商务印书馆，1995年版。

《沙埋和阗废墟记》，新疆美术摄影出版社，1994年版。

《SOS——地球在呼喊》，中国华侨出版社，1995年版。

《中国的海洋》，商务印书馆，1995年版。

《动物趣话》，东方出版中心，1996年版。

《生态智慧论》，中国社会科学出版社，1996年版。

《万物和谐地球村》，上海科学普及出版社，1996年版。

《濒临失衡的地球》，中央编译出版社，1997年版。

《环境的思想》，中央编译出版社，1997年版。

《绿色经典文库》，吉林人民出版社，1997年版。

《诊断地球》，花城出版社，1997年版。

《罗布泊探秘》，新疆人民出版社，1997年版。

《生态与农业》，浙江教育出版社，1997年版。

《地球的昨天》，海燕出版社，1997年版。

《未来的生存空间》，上海三联书店，1998年版。

《宇宙波澜》，三联书店，1998年版。

《剑桥文丛》，江苏人民出版社，1998年版。

《穿过地平线》，百花文艺出版社，1998年版。

《看风云舒卷》，百花文艺出版社，1998年版。

《达尔文环球旅行记》，黑龙江人民出版社，1998年版。